我的私人花园

多肉植物养护指南

书 编著

U0380717

中国农业出版社

前 言 PREFACE

随着人们生活水平的提高，养花已成为生活中的重要组成部分。摆放花卉能够美化环境，净化空气，丰富人们的日常生活。如果室内摆放一盆郁郁葱葱的观叶植物，或色泽艳丽的观花盆栽，只要布置得恰到好处就会满堂生辉，温馨而舒适。然而令人遗憾的是，现代人的生活忙忙碌碌，已经很少有时间去"沾花惹草"了。如果您希望为自己忙碌的生活增添一些情趣而又不想耗费太多休闲时间，那么，您可以尝试种植多肉植物。它是现代人眼里的萌萌的植物，您只需要花一点时间和精力去栽培它，它就会茁壮成长，给您一个温馨的港湾。

多肉植物又称为多浆植物、肉质植物，它们大部分生长在干旱或半干旱的地区，每年有很长的时间吸收不到水分，因此，它们适应性地生长出具有发达薄壁组织的根、茎或叶来贮藏水分。大部分的多肉植物有耐干旱、少病虫害的特点，所以无须您太多的呵护和照料。

本书从多肉植物的形态特征、生长习性、栽培管理、繁殖方法和景观用途等多方面入手，向您介绍了90余种多肉植物，涵盖了仙人掌科、景天科、百合科、番杏科、菊科、大戟科、马齿苋科等不同科属，帮助您了解多肉植物的基础知识，助您挑选出适合自己的多肉萌物。

最后，本书还为您介绍了组合盆栽的含义及制作组合盆栽的基本原则，并列出15款多肉植物组合盆栽供您学习和参考，进而设计出赏心悦目的多肉植物组合盆栽。

希望通过本书的介绍，您能从中找到属于自己的快乐，找到属于自己的生活情趣。

目 录 CONTENTS

Part 3 景天科多肉植物

Part 4 其他科多肉植物

Part 5 多肉植物组合盆栽

Part 1 基础知识

多肉植物的概念及其种类

　　多肉植物亦称多浆植物、肉质植物，在园艺上有时称多肉花卉，但以多肉植物这个名称最为常用。多肉植物是指植物营养器官的某一部分，如茎或叶或根(少数种类兼有两部分)具有发达的薄壁组织用以贮藏水分，在外形上显得肥厚多汁的一类植物。它们大部分生长在干旱或一年中有一段时间干旱的地区，每年有很长的时间根部吸收不到水分，仅靠体内贮藏的水分维持生命。有时候人们喜欢把这类植物称为沙漠植物或沙生植物，这是不太确切的。虽然多肉植物确实有许多生长在沙漠地区，但并不是都生长在沙漠，沙漠里也还生长着许多不是多肉植物的植物。

　　全世界共有多肉植物一万余种，它们都属于高等植物(绝大多数是被子植物)。在植物分类上隶属几十个科，个别专家认为有67个科中含有多肉植物，但大多数专家认为只有50余科。

　　常见栽培的多肉植物包括仙人掌科、番杏科、大戟科、景天科、百合科、萝藦科、龙舌兰科和菊科。而凤梨科、鸭跖草科、夹竹桃科、马齿苋科、葡萄科也有一些种类常见栽培。近年来，福桂花科、龙树科、葫芦科、桑科、辣木科和薯蓣科的多肉植物也有引进，但目前还很稀有。

　　在多肉植物中，仙人掌科植物不但种类多，而且具有其他科多肉植物所没有的器官——刺座。同时仙人掌科植物形态的多样性、花的魅力部分是其他科的多肉植物难以企及的。因而园艺上常常将它们单列出来称为仙人掌类，而将其他科的多肉植物称为多肉植物。因此多肉植物这个名词有广义和狭义之分，广义的包括仙人掌类，狭义的不包括仙人掌类。本书所说的多肉植物包括仙人掌类。

多肉植物的形态特征和分类

仙人掌科以外的多肉植物由于牵涉到50余科，从总体上来讲其形态更为多姿多彩。和仙人掌类相比，其他多肉植物有如下几个特点：

(1) 有叶的种类占相当大的比例。

(2) 刺的特色没有仙人掌类那样鲜明，很多种类虽有强刺但被叶掩盖，只是落叶期时刺才显得突出。

(3) 花单生的也有，但有很大一部分是集成各种花序。花的观赏性总的来说逊于仙人掌类。

按贮水组织在植株中的不同部位，多肉植物可分为三大类型：

(1) 叶多肉植物

叶高度肉质化，而茎的肉质化程度较低，部分种类的茎带一定程度的木质化。如番杏科、景天科、百合科和龙舌兰科的种类。

(2) 茎多肉植物

植物的贮水组织主要分布在茎部，部分种类茎分节、有棱和疣突，少数种类有稍带肉质的叶，但一般早落。以大戟科和萝藦科的多肉植物为代表。

(3) 茎干状多肉植物

植物的肉质部分集中在茎基部，而且这一部位特别膨大。因种类不同而膨大的茎基形状不一，但以球状或近似球状为主，有时半埋入地下，无节、无棱、无疣突。有叶或叶早落，叶直接从膨大茎基顶端或从突然变细的、几乎不带肉质的细长枝条上长出，有时这种细长枝也早落。以薯蓣科、葫芦科和西番莲科的多肉植物为代表。

仙人掌科植物的基本特征

　　仙人掌科植物不但种类多，而且具有其他科多肉植物所没有的器官刺座。同时仙人掌科植物形态的多样性、花的魅力部是其他科的多肉植物难以企及的。因而园艺上常常将它们单列出来称为仙人掌类，而将其他科的多肉植物称为多肉植物。

　　高等植物通常具根、茎、叶三种营养器官和花、果实、种子三种繁殖栽培器官。由于长期适应干旱环境，仙人掌类和多肉植物的营养器官发生了很大的变化，叶在大多数仙人掌类植物中已消失，在大戟科多肉植物中也常仅成痕迹或早落；但在其他大多数科的多肉植物中仍存在，只是已程度不同地肉质化了。茎在仙人掌类中不仅已代替叶成为光合作用的主要器官，而且由于变化万千使其具极高的观赏性。此外，仙人掌类还具有独特的器官刺座。

一 叶

　　原始的仙人掌类植物是有叶的。它们原来分布在不太干旱的地区，外形和普通的植物并没有多大的区别。只是由于沧海桑田的变化，原来湿润的地区变得越来越干旱，为了适应环境以求生存，外形发生了变化，正常的扁平叶逐渐退化成圆筒状，进而又退化成鳞片状，最后完全消失。今天在中美洲一些不大干旱的地区还分布着一些原始的仙人掌类。其中叶仙人掌属、麒麟掌属及顶花膜鳞掌属的种类具正常的扁平叶，但其大小和肉质化程度有变化。叶仙人掌属种类的叶大而薄，基本上不肉质化。

二 茎

　　具有正常扁平叶的原始类型的仙人掌类，其茎有的如藤本状的灌木，茎的表皮通常不呈绿色，除幼嫩部分外大多木质化。

　　具圆筒状叶的种类茎常不分节，只有一节一直向上，而同属的很多种类则具扁平的节状茎。而圆筒形叶不明显的仙人掌属种类则木质化主茎不存在或不太明显。而不具叶的那些种类由于其进行光合作用的功能主要由茎承担，因此茎在正常情况下呈绿色，也不木质化。

　　在形态上可以说没有哪一个科的植物如仙人掌科那样变化万千：它们有的扁平如镜，有的如灯台、管风琴，有的如山峦重叠，有的细长如蛇。更多的呈球形或近似球形，这是长期适应干旱环境的结果，因为同样的体积，球状体表面积最小，蒸腾量也减小。因此在整个仙人掌家族中，球形的种类占一半以上。

三　棱与疣状突起

除原始类型的种类外，仙人掌类的茎都具棱。这对于适应干旱环境有很大的意义。很多仙人掌类植物的产地分布都有这样的特点：每年中有很长时间滴雨不下，但雨季时在短时间内会下很大的雨。而生长在这种环境下的仙人掌类在旱季时由于水分不断散失而体积缩小，一旦下雨则最大限度地吸水使株体迅速膨胀。如果没有这种棱像手风琴褶箱那样伸缩，那么表皮肯定要破裂。棱的数量多少和排列方式客观上也为我们区别种类提供了依据，在分类上有一定的意义。

仙人掌类的茎除有棱以外，还有疣状突起。这是一种独特的构造，事实上在很多球形种类中，即使不具明显的疣状突起，但纵向的棱上也有横向的瘤块状分割。疣状突起则是这些植物为适应干旱环境进一步发展的结果。有了疣状突起更便于植物胀缩和散热。

四　刺座、刺和毛

刺座是仙人掌类植物特有的一种器官。从本质上来讲刺座是高度变态的短缩枝，表面上看为一垫状结构。刺对于仙人掌类植物的生存有重要意义，它是一种保护机制的产物。刺的数量多少以及排列、色彩、形状等各种各样，变化无穷，给人以美的享受。同时它又是鉴别种类进行分类的重要依据。

五　花、果实和种子

（1）花：每一种仙人掌类植物都能开花。花通常着生在刺座上。花通常是辐射对称。形状有漏斗状、喇叭状、高脚碟状、杯状等。花期以3~5月最为集中，秋天开花的种类不是很多。

（2）果实：果实通常为肉质浆果，少数为干果。形状有梨形、圆形、棍棒形等。果皮上有刺座或鳞片等。

（3）种子：形状很多，通常为圆形、椭圆形和扁圆形。每一果实的种子数量相差很多，多的上千粒，少的只有十多粒。种子的大小非常悬殊。

六　根

除了少数乔木状的叶仙人掌属种类和仙人掌属种类外，仙人掌类的根无明显的主根，侧根伸展很远，这也是一种对干旱生境的适应。因为产地雨季来临时偶尔会下很大的雨，而当地土壤持水力差，仙人掌类有如此分布广泛的根系就可在短期内迅速地吸收足够的水分以备后用。

有些种类具膨大的肉质根或块根，在这些种类中，根代替茎成为贮水的主要器官。

5

景天科植物的基本特征

景天科植物为为草本、半灌木或灌木，多数为多年生肉质草本，常有肥厚、肉质的茎、叶。叶常为单叶，不具托叶，互生、对生或轮生，常为单叶，全缘或稍有缺刻，少有为浅裂或为单数羽状复叶的。花小而繁茂。花常为聚伞花序，或为伞房状、穗状、总状或圆锥状花序，有时单生。花两性，或为单性而雌雄异株，辐射对称，花各部常为5数或其倍数。萼片自基部分离，少有在基部以上合生，宿存。花瓣分离，或多少合生。雄蕊1轮或2轮，与萼片或花瓣同数或为其2倍。分离，或与花瓣或花冠筒部多少合生，花丝丝状或钻形，少有变宽的。花药基生，少有为背着，内向开裂。心皮常与萼片或花瓣同数，分离或基部合生，常在基部外侧有腺状鳞片1枚。花柱钻形，柱头头状或不显著。胚珠倒生，有两层珠被，常多数，排成两行沿腹缝线排列，稀少数或一个的。种子小，长椭圆形，种皮有皱纹或微乳头状突起，或有沟槽。胚乳不发达或缺。表皮有蜡质粉，气孔下陷，可减少蒸腾，是典型的旱生植物。无性繁殖力强。

景天科以下有东爪草亚科、伽蓝菜亚科、景天亚科这三个亚科，再有落地生根属、八宝属、伽蓝菜属、瓦松属、合景天属、红景天属、瓦莲属、景天属、石莲属、东爪草属等属。

景天科植物分布在非洲、亚洲、欧洲、美洲，以中国西南部、非洲南部及墨西哥种类较多。截止至目前，中国共发现10属242种。其主要野生于岩石地带、林下石质坡地、山谷石崖等处。多数喜光照，部分品种耐阴，生长适温为15~18℃，喜湿润，忌涝，耐寒，喜沙壤土。植株矮小抗风，水肥消耗很少，耐污染，因此成为目前流行的屋顶绿化的首选植物。

多肉植物的栽培要点

在种植多肉植物的过程中，有以下几个要点需要注意：

1. 培养土

多肉植物适应用疏松透气，排水保水性好，含一定量的腐殖质，颗粒度适中，没有过细尘土，pH值为5~7，即呈微酸性至中性之间的土壤种植。具备这些条件的土壤有河沙（需要洗干净，去掉粉末）、煤渣（敲碎后去掉粉末，洗去粉尘）、红砖（敲碎成3毫米左右的颗粒）、赤玉土、浮石、硅藻土、蛭石、珍珠岩、泥炭等。种植多肉植物时可用单独一种培养土，也可以多种培养土混合。

培养土除需具备以上几个条件外，还需保证其无菌。在种植多肉植物的过程中，如果培养土本身存在病原菌，再加上后期护理不当，则可能会导致植物感染病菌。因此，在种植之前，需要对培养土进行杀菌处理。常用的杀菌方法有两种：一种是混合多菌灵之类的杀菌剂；另一种是利用高温杀菌，如在锅上翻炒或用微波炉高温杀菌。

2. 容器

种植多肉植物能用的容器有很多，不论材质是塑料的、铁的、木的、陶瓷的，还是紫砂的，都可以用来种植，唯一的要求就是，容器的底部要有排水孔，排水孔最好小一点，大容器的排水孔以小而多为宜。

常用的容器有泥盆、塑料盆、釉盆和紫砂盆。泥盆适合育苗和商品化生产，釉盆和紫砂盆适合家庭栽培和展览。

3. 光照

植物通过光照来进行光合作用，几乎所有的植物都需要光照，但是并不是所有的植物都喜欢强烈的光照。生长期的多肉植物需要照射太阳光，在休眠期的时候则需要避免阳光直射。生石花和部分景天科多肉植物在夏季休眠，这时候需要对它们进行遮阳和通风处理；耐晒的仙人球等仙人掌科多肉植物在夏季则可以在烈日下暴晒。

4. 温度

多数的多肉植物分布在热带、亚热带地区，但这个并不代表它们只怕冷不怕热，而是因品种的不同和分布地气候条件的不同而对温度有着多样性的要求。其中陆生类型的仙人掌类、龙舌兰属、大戟属、马齿苋属和芦荟属等多肉植物大多数要求较高的温度，在12~15℃的温度下才会生长，低于这一温度则生长停滞。而大多数附生类型的仙人掌类、番杏科中肉质化程度不高的草本或亚灌木类、十二卷属、回欢草属的大叶种类多肉植物的最佳生长季节是春季和秋季，在夏季则呈休眠或不明显休眠状态。

5. 水分

种植多肉植物，必须适时浇水以供其生长发育之需。

要掌握多肉植物的浇水技术，首先要了解多肉植物不同品种的需水习性和休眠习性。如番杏科多肉植物要干，景天科、百合科多肉植物要润。再如生石花的休眠期在夏季，若在夏季浇水，则会使之腐烂；仙人球类的休眠期在冬季，若在冬季浇水，会造成根系腐烂或受冻。在休眠季节，可以通过喷雾的方式适当地维持空气和土壤的湿度，让休眠的植株不会因为过于干燥而产生生长障碍。

其次要仔细观察植株的生长状况。对于生长旺盛期的植株，要适时浇水；对于生长基本停滞的植株，则要减少浇水次数。

最后要考虑气温、空气湿度和通风情况。多肉植物除了可以通过根系来吸收水分外，还可以通过叶片上的气孔来吸收水分，因此，空气湿度对于多肉植物来说也是很重要的水分来源。对于原产地在降雨量少而空气湿度大的沙漠的品种来说，它对环境的空气湿度的要求也相对较大。

至于浇水的时间，夏季以清晨为好，冬季则应在清朗天气的午前进行，春秋季节则早晚均可。

总而言之，种植多肉植物要因时、因地制宜，并根据品种的习性来处理光照、温度、水分等问题。

多肉植物的繁殖方法

多肉植物的繁殖方法有播种、扦插、嫁接三种，其中嫁接主要应用在仙人掌科多肉植物的繁殖中。

1. 播种

通过播种可以一次性得到大量种苗，也可以通过杂交育种、播种、定向培育等过程培养出五彩斑斓的品种。

（1）前期准备

在播种前需要准备培养土、容器、保鲜膜、牙签、白纸等工具。培养土一般分为三种：用于排水的火山岩、轻石等大颗粒土，用于提供营养的泥炭、赤玉土等营养土，用于保水的蛭石等细小颗粒土。容器宜选用深颜色的小方格育苗盒。牙签用于点播。白纸用于记录，宜选用硬板标签纸。

（2）浸盆

将培养土装进育苗盒内并铺平，再将育苗盆放置在装着适量水的水盆中，这时水分会从育苗盆底部进入，直到培养土表面湿透，有些微水分出现即可。

（3）播种

将浸好盆的育苗盒放置到背风处，再将种子倒在白纸叠成的小槽内，用牙签一点一点地点播在培养土上，并插上记录好品种和时间的标签纸。注意不要覆土，否则会影响种子发芽。

（4）闷养

播种后盖上保鲜膜，再将之放置在遮阳处闷养，闷养的时间视发芽情况而定，一般在发芽率达50%时即可揭去保鲜膜。期间可以通过浸盆来保持湿润。在发芽后可慢慢地给予太阳光照。

2. 扦插

扦插是多肉植物无性繁殖的一个重要手段。多肉植物的扦插包括叶插、茎插、根插三种。

（1）叶插

叶插多用于景天科多肉植物。叶插时首先挑选健壮、汁液饱满、表面无伤、无虫害的叶片，剔除发黄的或是不健康的叶片，取下叶片后，在避光处晾置2~3天，再将培养土平铺在容器内，然后将叶片正面朝上平放在培养土上，最后将它们放置在弱光环境，保持空气湿度和环境温度，慢慢等待生根发芽即可。

生根发芽后在根的附近挖一个浅浅的小坑，把根放进小坑内，覆上一层培养土，再将之放置在有充足光照的地方，适时浇水。

（2）茎插

茎插又称为枝插，广泛应用于多肉植物。茎插既可以使一株变两株或多株，又可以使单头变双头或多头，还可以解决多肉植物徒长的问题。茎插首先将健壮的茎剪下，修剪后将之晾置于阴凉处2~3天，让伤口风干愈合，或者在伤口处涂抹杀菌粉剂。晾置后可采取两种方式种植，一是直接进行扦插，让裸茎直接埋在培养土下面，一周后用喷雾的方式给水；一是等待生根后再进行扦插，可以直接利用空气湿度生根，也可以将之架在喷有水的小瓶内促使尽快生根，生根后再进行扦插。

（3）根插

某些植物的地下根部分也可以用来繁殖，但必须是健康饱满的根系，例如景天科植物的地上部分进行茎插之后，无需挖出地下部分的根，一段时间后会在茎切口周围长出新的苗体。

3. 嫁接

嫁接是一种广泛应用于仙人掌科植物的园艺技术。由于某些仙人掌的根系十分脆弱，经过长期栽培后，根系会因为逐渐失去它原有的功能而消失，植株也会因此失去生命力。嫁接就是挽救这些仙人掌科植物的灵丹妙药，除此之外，嫁接还能加快此类仙人掌科植物的生长速度。

嫁接时，多选用三角柱作为砧木，方法是将三角柱的生长点切除，并且将棱角斜切掉，然后将已去除根系的仙人掌放在砧木的中央，接着用绳子或重物固定，经过1~2周后即可拆除绳子或重物。

Part 2
仙人掌科多肉植物

黄毛掌

别名： 金乌帽子。

科属： 仙人掌科仙人掌属。

产地分布： 原产墨西哥北部，我国也有引种栽培。

形态特征 植株直立多分枝，灌木状，高60厘米至1米。茎节呈较阔的椭圆形或广椭圆形，黄绿色。刺座密被金黄色钩毛。夏季开花，花淡黄色，短漏斗形。浆果圆形，红色，果肉白色。

生长习性 性强健。喜阳光充足。较耐寒，冬季温度维持在5~8℃的范围内即可。对土壤要求不严，在沙质壤土上生长较好。

栽培管理 生长期需充足太阳光照，夏季可放置于室外养护，但需注意勿使大雨冲淋。在春季换盆或新栽植株，宜用喷雾方式保持培养土湿润，3~4天后逐步浇水。

繁殖方法 常用扦插和播种繁殖栽培。扦插应在4~5月的生长期进行，选取大小适中、充实的茎节作插穗。剪取插穗后，应晾置3~5天，待剪口干燥后再插入沙床，插壤以稍干燥为好，插后约20~25天生根。播种应在春季进行，播后10天左右发芽，幼苗生长很慢，需谨慎管理。

量天尺

量天尺扦插易成活，常作为蟹爪兰属、丝苇属（仙人棒属）等多种仙人掌科植物的砧木。

别名： 龙骨花（海南保亭），三角柱，三棱箭（北京），三棱剑，剑花，七星剑花等。

科属： 仙人掌科量天尺属。

产地分布： 原产于墨西哥南部，而现在已经遍及新大陆的热带地区。

形态特征 攀缘肉质灌木，多分枝，表皮深绿色；分枝茎三棱柱形，常翅状，无毛，边缘角质化，常为胼胝状，波浪状，淡褐色；刺座针形至刺锥形，灰褐色或黑色，伸展。花夜间开放，芳香，花托和花托筒被密鳞片，淡绿色或黄绿色，鳞片线披针形或卵披针形。果实椭圆形至卵形，肉质浆果，红色，具大鳞片，果脐小，果肉白色。种子倒卵形，黑色，种脐小。花期在7~12月。

生长习性 耐干旱，喜光照，适于阳光充足的地方，不耐阴。

栽培管理 量天尺易于栽培，可附生或旱生，夏季需要富含腐殖质和水分充足的混合肥料，冬季生长温度不应低于10℃，早春多受光照可促进发芽。

繁殖方法 量天尺的繁殖多用扦插法。可在生长季节剪取生长充实或较老的茎节，阴晾2~3天后，插于沙床或土中，1个月左右即可生根。

蟹爪兰

景观用途

在冬天开花，为冬日添加几分喜庆，寓意鸿运当头、运转乾坤，可做家庭摆设及园林设计之用。

别名： 圣诞仙人掌、蟹爪莲、仙指花。

科属： 仙人掌科蟹爪兰属。

产地分布： 原产于南美巴西，后中国有引进，现多地有栽培。

形态特征 主茎圆，易木质化，叶为绿色，叶状茎扁平多节，肥厚，卵圆形，先端截形，边缘具粗锯齿，有刺座，刺座上有刺毛，花着生于茎节顶部刺座上， 花色有淡紫色、黄色、红色、纯白色等。

生长习性 属短日照植物，喜散射光，忌烈日；喜湿润，怕涝；喜肥沃的土壤；生长适温为18~23℃。

栽培管理 夏季避免烈日暴晒和雨淋，加强空气对流，适当喷雾降温；冬季保持温暖和充足光照，可搬到室内光线明亮的地方养护。在生长期里，除了定时浇水外，也可以喷雾来增加空气中的湿度，切忌在培养土完全干燥后才浇水。

繁殖方法 可扦插可嫁接。扦插可在早春或晚秋进行，剪下叶片或带3~4个叶节的茎杆，待伤口晾干后插入培养土中，喷湿插穗和培养土。嫁接多在春末夏初进行，选用生长旺盛的嫩枝条做接穗（带有顶尖部分的枝条最为理想），用仙人掌做砧木，将选好的接穗从植株上切下来，用小刀将仙人掌顶部切掉，然后用刀片轻轻地将接穗正反两面的表皮削掉，并用预先

准备好的削成楔形的竹签从仙人掌顶部中心位置慢慢插入，深度约为3.5厘米，宽度略大于接穗的茎片宽度，再将接穗轻轻插入接口内，为防止其滑脱，要用仙人掌的刺插住接穗，进行固定，待成活后可拔也可不拔。

金钮

景观用途

为著名的仙人掌类悬吊植物，适于美化居室、茶室、餐厅等环境，任其悬吊生长，形成美丽的景观。

别名： 鼠尾掌。

科属： 仙人掌科鼠尾掌属。

产地分布： 墨西哥。

形态特征 金钮是仙人掌科多年生植物，茎细长柔软。花色艳丽，可悬吊栽培，形成奇特景观。

生长习性 喜温暖、昼夜温差大的气候条件，不耐寒。喜光照，耐烈日，也耐半阴，但长期荫蔽茎条长得纤细。

栽培管理 喜肥力充足，通透性良好的沙质壤土和森林土。夏季不可缺水，盆土保持湿润，并经常喷雾保湿。冬季每旬浇灌一次，注意不要把水喷到茎皮上。

繁殖方法 可用扦插和嫁接繁殖。但扦插后茎节不易长长，开花也比较困难，因此多以嫁接为主要繁殖方法。嫁接时选取成熟的发育充实的茎条，切成4~8厘米长的小段，直接嫁接在量天尺做成的砧木上，然后纵向绑扎接口，再将之放置在阴凉通风处，一周后可拆除绑扎物，再转移到阳光充足处进行正常管理。

鼠尾掌

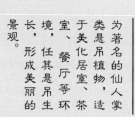

景观用途 为著名的仙人掌类悬吊植物，适于美化居室、茶室、餐厅等环境，任其悬吊生长，形成美丽的景观。

别名： 药用鼠尾掌。

科属： 仙人掌科鼠尾掌属。

产地分布： 原产于墨西哥高山荒漠地带，现多地有种植。

形态特征 变态茎细长、匍匐，通常扭状下垂，具气生根，幼茎绿色，以后变灰，无叶，隔0.5厘米着生15~20枚短刺丛，初生时略带红色，以后变至黄褐色，外形酷似老鼠尾巴；花漏斗状，粉红色，花被片急尖，昼开夜闭，可持续一周；浆果球形，红色，有刺毛，种子小，红褐色。

生长习性 喜温暖和较大的昼夜温差，喜充足光照，喜排水、透气良好的肥沃土壤，忌雨涝。

栽培管理 在室外种植时要置于光线充足而避雨的地方，在室内种植时，夏季要注意通风，并保持一定的湿度，切忌长期干燥，冬季需相对干燥，控制浇水，不可使土壤过湿，以免烂根。

繁殖方法 多用扦插和嫁接繁殖，也可播种。扦插时在生长季节取壮实的变态茎做插穗，切成8~10厘米长，晾晒1~2天后扦插于培养土中。嫁接时间以5~9月为宜，取仙人掌没有完全木质化的分枝做砧木，将顶端削成圆锥形，将幼嫩的呈绿色的鼠尾掌基部插于砧木圆锥处，不用绑扎。

假昙花

景观用途 用于盆栽装饰家庭的窗台、阳台和客厅，优美大方，是室内点缀的理想材料。

别名： 清明蟹爪兰。

科属： 仙人掌科假昙花属。

产地分布： 原产于墨西哥，现多地有栽培。

形态特征 多年生直立灌木状草本，高约1米。茎扁平，叶状，边缘波状。花着生于边缘凹处，花筒下垂，花朵翘起，外面带红色，里面纯白色；雄蕊多数成束，花柱突出于外，柱头线状，16~18裂。花晚上开放，有清香，清晨即凋谢。花期在4月。

生长习性 喜排水透气的培养土，喜温暖湿润与半荫环境，不耐寒，生长适温15~25℃，室内越冬不能低于5℃。

栽培管理 春秋冬宜多见阳光，酷暑盛夏须适当遮阴。在整个生长期和开花期需要充足的水分，此时应保持培养土湿润，但要避免积水，花期后有2~3周的休眠期，需要保持培养土不完全干燥。此时期适宜换盆，换盆时将根部的旧培养土轻轻抖掉，再用新的培养土种植。

繁殖方法 可用扦插、嫁接和播种等方法繁殖。扦插多在生长季节进行，剪取健壮的茎节做插穗，晾置至伤口干燥后，在沙土或蛭石中扦插。嫁接多用量天尺或仙人掌做砧木，选取健壮肥厚的茎节2节，下端削成鸭嘴状，插入砧木，用竹刺固定。

令箭荷花

别名： 孔雀仙人掌，孔雀兰，荷令箭。

科属： 仙人掌科令箭荷花属。

产地分布： 原产于墨西哥，我国也有栽培。

形态特征 为附生类仙人掌植物，茎直立，多分枝，群生灌木状，基部的主干细圆，分枝扁平，呈令箭状，绿色，中脉明显突出。茎的边缘呈钝齿状，齿凹入部分有刺座，具细刺，花从茎节两侧的刺座中开出，花筒细长，呈喇叭状，有紫红色、大红色、粉红色、洋红色、黄色、白色、蓝紫色等，白天开花，夜晚闭合，紧开1~2天，花期在4~6月。果实为椭圆形红色浆果。种子为黑色。

生长习性 喜温暖和通风良好的环境，忌阳光直射，耐干旱，耐半阴，怕雨水，喜肥沃、疏松、排水良好的土壤。

栽培管理 夏季天气炎热，阳光强烈，要避免阳光直射，并经常在盆周围喷水，提高空气湿度。冬季霜降前要移入室内，温度在5℃以上时可安全越冬，3月将植株移至阳光充足的地方，温度保持在10~15℃，促进花芽分化，当花蕾形成的时候，如果过密，应适当疏蕾。每年的春秋季可进行换盆换土，促进植株快速长大，并设支架，以防枝梢折断，同时也利于通风透光，株形美观。

繁殖方法 可用扦插和嫁接的方法繁殖。扦插在每年3~4月间进行为好，首先剪取10厘米长的健康扁平茎作插穗，剪下后要晾2~3天，然后插入湿润沙土或蛭石内，深度以插穗的1/3为度，温度保持在10~15℃，经常向其喷水，一般一个月即可生根并进行盆栽。嫁接宜在25℃时进行，可选用仙人掌做砧木，在砧木上用刀切开个楔形口，再取6~8厘米长的健康令箭荷花茎片作接穗，在接穗两面各削一刀，露出茎髓，使之成楔形，随即插入砧木裂口内，用麻绳绑扎好，放置于阴凉处养护，大约10天左右，嫁接部分即可长合，除去麻绳，进行正常养护。多年生老株下部萌生形成的枝丛多，也可用分株繁殖栽培。

老乐柱

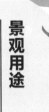

景观用途

圆柱状的植株密被细长的丝状毛和白色锦毛，非常美丽，既适合家庭栽培，又可作仙人掌温室布置沙漠景观。

别名： 越天乐。

科属： 仙人掌科老乐柱属。

产地分布： 原产于秘鲁北部。

形态特征 幼株椭圆形，老株圆柱形，基部易出分枝，体色鲜绿。茎粗7~9厘米，高1~2米，具20~25个直棱，株茎密被白色丝状毛，茎端的毛长而密，黄白色细针状周刺多枚，黄白色中刺1~2枚。夏季侧生白色钟状花，花径4~5厘米。

生长习性 习性强健，生长快捷。喜阳光充足的生长环境，盆栽用土要求排水良好、中等肥沃的沙壤土。

栽培管理 浇水施肥时切忌弄到丝状毛。冬季保持培养土稍干燥，维持5℃以上的气温。有条件者可在温室内地栽，可促使植株生长旺盛，丝毛繁盛。

繁殖方法 可播种，出苗容易，但因植株开花晚，种子不易获得。多采用切顶促生分枝后，切取分枝嫁接的方式繁殖栽培。砧木不宜用仙人球，宜选用量天尺，这样才能保证长势良好。

白檀

景观用途 常用作园林栽培。

别名： 无。

科属： 仙人掌科白檀属。

产地分布： 原产于阿根廷，现多地有栽培。

形态特征 植株肉质茎细筒状，多分枝。初始直立，后匍匐丛生，体色淡绿色。具6~9个低浅的棱。白色刺毛状辐射刺10~15枚，无中刺。春末夏初侧生鲜红色漏斗状花，花径4~5厘米。

生长习性 生性强健，喜欢阳光充足、通风良好的环境，具有强耐寒性。

栽培管理 夏秋季节为白檀的生长季节，可充分浇水，高温季节要适当遮阳并注意通风。冬季休眠，移至室内。放置在有光照位置，保持培养土干燥。春季移至室外，到花蕾形成初期仍不浇水，直至花蕾长到1厘米时方可浇水。这是促使开花的关键。

繁殖方法 易孳生子球，可摘取子球扦插，成活率高。也可将子球嫁接在量天尺上，生长良好。

银翁玉

景观用途

盆栽可用于点缀书桌、茶几。

别名： 无。

科属： 仙人掌科智利球属。

产地分布： 原产于智力亚热带半荒漠地区。

形态特征 植株单生，初为球形，后呈短圆筒状，株高20厘米，有刺座，刺座下方突出如颚，椭圆形，间距0.6~0.7厘米，刺座上有黄褐色短绵毛。刺约30个，针状，长2~2.5厘米，白至灰白色，弯曲。春季开花，花淡桃色。

生长习性 喜温暖和阳光充足的环境，耐强光照射。耐湿润，但应当适当控制浇水量。耐寒性一般，温度过低时应注意适当保暖御寒。

栽培管理 夏季可直接放置在光照充足的地方，在早晨或傍晚浇水。冬季温度过低时应放置在温室中，或用薄膜遮盖保温，但应适时通风。

繁殖方法 一般采用扦插方法繁殖，做法与其他仙人掌科植物类似。

金晃

别名：黄翁。

科属：仙人掌科南国玉属。

产地分布：原产于巴西南部里约格兰德州，现多地有栽培。

形态特征 茎圆柱形，高60~70厘米，直径约10厘米，基部易出分枝。棱30或更多，刺座排列紧密。周刺15，刚毛状，长0.3~0.7厘米，黄白色；中刺3~4，长4厘米，黄色，细针状。花着生茎顶端，长4厘米，直径5厘米黄色。植株高20厘米左右才开花，开花时球端白毛增多。

生长习性 喜温暖干燥和阳光充足的环境，较耐寒，耐干旱和半阴，喜肥沃、排水良好的土壤。

栽培管理 生长期需要充足的光照，可放置在阳光充足的环境，但在夏季强光照时，需稍加遮阳，以免茎部受热，造成灼伤，可喷雾增加空气湿度，要保持培养土有一定的湿度。冬季保持培养土干燥，有利于提高植株的抗寒能力。

繁殖方法 可用播种、扦插和嫁接方法繁殖。播种在4~5月进行，采用室内盆播。扦插在5~6月进行，将生长较高的植株离顶15厘米处切下，晾干后插于沙床，插后约30~40天生根。也可把母株上萌发的子球剥下扦插，插后生根比成顶茎要快。嫁接多在5~6月进行，用量天尺或短毛球做砧木，用实生苗或萌发的子球做接穗，一般嫁接后10~15天愈合成活。

雪光

景观用途 常用作园林栽培，也可点缀室内环境。

别名： 无。

科属： 仙人掌科南国玉属。

产地分布： 原产于巴西南部，现多地有栽培。

形态特征 植株单生，扁圆形至圆球形，球径10~12厘米，体色青绿色。具28~30个小的疣状突起，呈螺旋形排列的棱。白色刚毛状辐射周刺20~25枚，周刺丝状，初为黄色，后变白色。花漏斗状，橙红色或红色，可开放7~10天。

生长习性 喜阳光充足的环境，耐干旱，喜排水良好的沙质壤土。

栽培管理 冬季保持土壤干燥可耐3℃低温，夏季需适当通风、遮阴。注意浇水，施肥时不要弄脏白毛。

繁殖方法 多用播种方法繁殖。具体方法可参考其他仙人掌类植物。

小町

景观用途

供盆栽观赏，花色鲜艳又具有透明质感，是仙人掌类花卉的珍品之一。

别名：无。

科属：仙人掌科南国玉属。

产地分布：原产于巴西南部和乌拉圭。

形态特征 初期为球形后变为圆筒形，在原产地可高达25厘米，直径10厘米，绿色。棱30~35枚，棱上有细小的疣状突起。刺座间距5~8毫米，周刺40枚，细而短，白色；中刺3~4枚，褐或紫红色；花柠檬黄色，直径4厘米，花筒被褐色软毛和暗黑色刚毛。

生长习性 喜光照，耐旱，喜肥沃而排水良好的沙壤土。

栽培管理 盛夏要适当遮阴和通风；冬季保持盆土干燥,可耐3℃的低温。栽培过程中注意浇水、施肥时不要弄脏毛刺。虽喜阳光充足的环境，但不宜在室外栽培。

繁殖方法 常采用扦插和嫁接的方法繁殖。扦插时将子球分割下来，插入纯砂土或砂砾土内，以不倒伏为宜，插后不浇水，摆放在阴凉通风处，3~7天后喷雾给水。嫁接法已被普遍采用，宜在除酷暑和梅雨时节的5~9月进行，用上端削平的量天尺做砧木，用利刀切平的球体上端做接穗，将两者中心对端，再用塑料丝或细线绑扎，放置在通风干燥处，15天左右即可拆线。

绯花玉

别名： 无。

科属： 仙人掌科裸萼球属。

产地分布： 原产于阿根廷安第斯山脉。

形态特征 扁球状，直径7厘米，棱9~11枚，刺针状，每刺座有5根周刺，灰色；中刺时有1根，稍粗，骨色或褐色，最长可达1.5厘米。花顶生，长和直径都是3~5厘米，白色、红色或玫瑰红色。果纺锤状，深灰绿色。

生长习性 习性强健，喜阳光，但也耐短时间半阴，忌光照不足，忌积水，对土质要求不高，耐干旱，开花时期需要适当的水分来供应花蕾，冬季耐寒。

栽培管理 为多肉植物中的夏型种，4~10月生长季节应放置在光照充足的环境，夏季高温时适当遮光，避免强光灼伤球体表面，雨季注意排水，注意通风，避免闷热、潮湿的环境。冬季禁止浇水，保持培养土干燥，促使球体进入休眠状态，冬季温度不低于2℃时可安全越冬，若温度过低，可将植株用塑料薄膜罩起来保温，必要时可用棉花和稻草将植株包裹起来，连盆放入木箱中储存起来。

繁殖方法 可用子球扦插繁殖，也可播种繁殖。

绯牡丹

景观用途 绯牡丹是仙人掌植物中最常见的红色球种，夏季开出粉红花朵，光彩夺目，极为诱人，可装饰阳台、书桌、书柜、博古架，或嫁接于山影上，其他多浆植物配合加工成组合盆景，另有风味。

别名： 红灯，红牡丹。

科属： 仙人掌科裸萼球属。

产地分布： 原产于巴拉圭亚热带地区。

形态特征 茎扁球形，直径3~4厘米，鲜红色、深红色、橙红色、粉红或紫红色，具8棱，有突出的横脊。成熟球体群生仔球。刺座小，无中刺，辐射刺短或脱落。花细长，着生在顶部的刺座上，漏斗形，粉红色，花期在春夏季。果实细长，纺锤形，红色。种子黑褐色。

生长习性 喜温暖和阳光充足的环境，耐干旱，喜肥沃和排水良好的土壤。

栽培管理 夏季生长时期每1~2天对球体喷雾1次，使之更鲜艳，放置在阳光充足的环境，但在强光下要适当遮阳。冬季温度应保持在8℃以上才能安全越冬，放置在阳光充足的窗台或阳台，注意控水，保持培养土干燥。春季温度在10℃以上时可换盆，换盆时注意轻拿轻放，除去死根、断根，晾置3~5天后重新栽种，放置在半阴处，暂不浇水，每天喷雾保持湿度，半个月后可适量浇水。成活后移至阳光充足的环境培养。

繁殖方法 主要用嫁接繁殖栽培。温室栽培全年均可进行，以春季或初夏最好，愈合快，成活率高。选取粗壮而柔嫩的砧木（常用量天尺，亦可用仙人掌、仙人柱、虎刺等），顶部削平备用；从母株上选取直径1厘米左右的健壮子球为接穗，剥下后用消毒的锋利刀片削平，将子球紧贴于砧木切口，球心对准砧木中心柱，用细线或细橡皮筋扎牢，松紧适宜。在室温25~30℃条件下养护，7~10天松绑，再养护2周，如接口完好，说明已成活。

新天地

景观用途 新天地的茎、刺、花都非常有观赏价值。适用于盆栽观赏，是阳台、窗台的绿化装饰材料。

别名：豹子头。

科属：仙人掌科裸萼球属。

产地分布：原产于阿根廷北部。

形态特征 为裸萼球属中的株型最大者，径粗可达30厘米左右。株形大而端庄，茎部疣状突起形似豹子头，新刺紫红色，花浅粉色。

生长习性 喜温暖干燥和阳光充足环境。耐干旱，不耐寒，也不耐阴。以肥沃、排水良好的酸性壤土为好。

栽培管理 球体生长较快，每年春季需换盆，增加腐叶土、粗沙和干牛粪配制的混合土。生长期可充分浇水，但培养土不能保持长期湿润，可多喷水，保持较高的空气温度。盛夏强光时可适当遮阴。冬季保持盆土干燥，保持环境温度不低于10℃。

繁殖方法 常用播种和嫁接繁殖栽培。播种，以4~5月进行最好。播后约10~12天发芽，幼苗生长较快。嫁接，在5~6月进行，用量天尺作砧木，将二年生小球作接穗，采用平接法，一般10~15天可愈合。待新天地地径粗长至3~4厘米时，可切下重新扦插盆栽。

多肉植物养护指南

金琥

景观用途 盆栽可长成规整的大型标本球，点缀厅堂，更显金碧辉煌，为室内盆栽植物中的佳品。

别名： 象牙球，金琥仙人球。

科属： 仙人掌科金琥属。

产地分布： 原产于墨西哥西部，现多地有栽培。

形态特征 茎圆球形，单生或成丛，高1.3米，直径80厘米或更大。球顶密被金黄色绵毛。有棱21~37枚，显著。刺座很大，密生硬刺，刺金黄色，后变褐，有辐射刺8~10枚，3厘米长，中刺3~5枚，较粗，稍弯曲，5厘米长。6~10月开花，花生于球顶部绵毛丛中，钟形，4~6厘米，黄色，花筒被尖鳞片。

生长习性 习性强健；喜石灰质土壤，喜干燥，喜暖，喜阳，要求阳光充足，畏寒、忌湿、好生于含石灰的沙质土。

栽培管理 喜光照充足，每天至少需要有6小时的太阳直射光照。夏季应适当遮阴，但不能遮阴过度，否则球体变长，会降低观赏价值。生长适宜温度为白天25℃，夜晚10~13℃，适宜的昼夜温差可使金琥生长加快。冬季应放入温室，或室内向阳处，温度保持8~10℃。若冬季温度过低，球体上会出现难看的黄斑。

繁殖方法 金琥多采用播种繁殖栽培，发芽较为容易。也常采用嫁接来繁殖栽培，可在早春采取切顶的办法，促其孳生子球，子球长到0.8~1厘米时即可切下嫁接，砧木用量天尺一年生茎段较为适宜。当球长大后，应"蹲盆"使其长出自身的根系，去掉砧木。

裸琥

裸琥为金琥中的稀有珍贵品种，给人以温文尔雅、容易亲近的感觉。是很好的观赏性花卉，可盆栽摆放于室内光线明亮处，高贵而别致。

别名： 短刺金琥，无刺金琥。

科属： 仙人掌科金琥属。

产地分布： 原产于墨西哥中部，现多地有栽培。

形态特征 植株呈圆球状，表皮翠绿色，具21~35枚脊缘突出的直棱，棱峰的刺座上萌生着8~12枚不显眼的淡黄色短小钝刺，球体顶部的生点具淡黄色绒毛，花钟形，黄色，盆栽条件下很难开放。

生长习性 喜阳光充足和通风良好的环境，宜用排水透气性良好、肥沃，并含有适量石灰质的土壤栽培。

栽培管理 幼株夏季可适当遮阴，但不可过于荫蔽，否则会因光照不足使球体顶部变尖，影响观赏，其他季节则尽可能地多见阳光。生长季节浇水做到"干透浇透"，既不能过于干燥，也不能积水。空气干燥时应向植株喷水，以使球体富有光泽。冬季保持盆土适度干燥，维持3℃以上温度即可安全越冬。每年春季换盆一次，换盆时要剪去根系的1/2至2/3，以促发新根，使植株良好生长。

繁殖方法 多用播种的方法繁殖，但由于种子难以得到，故家庭培养一般都是到市场上购买幼苗进行培养。此外，也可将生长健壮的球体顶部切除，促发子球，等子球长到一定大小时再切下，用三棱箭做砧木进行嫁接。

江守玉

景观用途 形体硕大，刺粗壮锐利，威猛雄健，适合露地或盆栽观赏。

别名： 无。

科属： 仙人掌科强刺球属。

产地分布： 原产于墨西哥及美国南部得克萨斯州。

形态特征 植株初期为扁圆形至球形，后成圆柱状，体色灰绿，刺座上附生白色绒毛。球径30~35厘米，高可超过1米。具8~13个疣状突出的棱，大型球可增添至22~32棱。周刺5~8枚，中刺1枚，末端弯曲。新刺红白间杂，老刺淡黄或淡褐色。花橙黄色，漏斗状，花径6~7厘米。

生长习性 喜温暖干燥和阳光充足环境。较耐寒，耐干旱，怕水湿。

栽培管理 夏季宜放置在阳光充足的环境，盛夏高温要适当遮阴，生长期可充分浇水，但忌积水。冬季保持培养土干燥。

繁殖方法 常采取切顶促生子球，然后嫁接繁殖栽培。

巨鹫玉

景观用途

盆栽适合门庭、入口处点缀，别有风情。也可在商场橱窗、精品柜处装饰，具备南美风光。

别名： 鱼钩球。

科属： 仙人掌科强刺球属。

产地分布： 原产于墨西哥。

形态特征 植株初始为短圆筒形，长大后呈短圆柱状。体色青绿色，表皮坚厚。球径30厘米左右，高可达80~100厘米，具13个脊高且薄的棱，棱峰上的刺座大又突出。白色刚毛状的周刺10~12枚，中刺4枚，中间1枚主刺呈扁锥形，有环纹，末端具钩。新刺红褐色，老刺褐灰色。

生长习性 喜温暖干燥和阳光充足环境。较耐寒，耐干旱，怕水湿。宜肥沃、含石灰质丰富和排水良好的沙壤土。

栽培管理 生长期可充分浇水，每月施肥1次。盛夏高温要适当遮阴，但遮光时间过长，巨鹫玉刺色暗淡，会影响观赏效果。冬季保持培养土干燥，5℃以上的温度能安全越冬，短时间能耐3℃低温。嫁接在量天尺的巨鹫玉，2年后可切下落地栽培，否则球体表皮易老化，观赏效果差。

繁殖方法 常用播种和嫁接方法繁殖。播种宜在4~5月进行；室内盆播，播后8~10天发芽，幼苗生长较快。嫁接常在6~7月进行，用量天尺做砧木，用2年生实生苗或2~3年生球截顶后萌生的子球做接穗。

赫云

景观用途

为海岛型花座球的一个代表种，可用于园林栽培及家庭观赏。

别名： 无。

科属： 仙人掌科花座球属。

产地分布： 原产于加勒比海中的库拉素岛。

形态特征 球状，直径30厘米，表皮淡绿色。花座高20厘米，直径10厘米，密生褐色刚毛。直棱11~15枚，刺座有白色绒毛，刺黄褐色至红褐色，周刺15枚，长3厘米，针状直射；中刺4~7厘米长，锥状。花2厘米长，果实为较粗的棍棒形，有光泽的红色。

生长习性 喜光照，喜湿润，不耐旱，耐寒性较差，宜用富含腐殖质而有排水良好的土壤栽培。

栽培管理 可用富含腐殖质的培养土栽培，冬季保持温暖。

繁殖方法 采用切顶嫁接的方法繁殖，有引进种子时也可播种。

层云

别名：无。

科属：仙人掌科花座球属。

产地分布：原产于委内瑞拉和哥伦比亚。

形态特征 单生，球形，表皮蓝绿色至灰绿色，棱12，棱脊较高，花座很宽。周刺8枚，长约1.2厘米；中刺1枚，2厘米长，刺都为锥状，直射，红色至红褐色。花长2.5厘米，淡红色。

生长习性 较强健，只要冬季适度保暖，自根栽培效果较好。

栽培管理 可用腐叶土、园土、粗沙、干牛粪块、谷壳炭等混合栽培。除冬季外都要充分浇水。只要冬季稍保持温暖，栽培十分简便。

繁殖方法 可用播种和嫁接的方法繁殖。它一年结子数次，播种繁殖栽培十分容易，一年可采种几次，而且种子的出苗率很高。采用嫁接的方法可提前开花(出云)。

英冠玉

景观用途

英冠玉花色鲜黄，艳丽夺目，观赏性强。盆栽可用于装饰办公室、居室、客厅等。也可植于专类园。

别名： 莺冠玉。

科属： 仙人掌科南国玉属。

产地分布： 原产南美巴西高原地区。

形态特征 大型球，外皮蓝绿色，顶部密生白绒毛。直棱，刺座排列密，有白色短绵毛，周刺毛状，黄色。花黄色、漏斗状，开于球顶。球形果。

生长习性 喜温暖、喜光照，耐旱、忌水涝。夏季要进行适当遮荫。

栽培管理 对肥料要求不高，在生长期施肥2~3次，以复合肥和有机肥为主，忌偏施氮肥，否则易徒长、株形不美观。对水分要求较低，在生长季节，盆土以稍湿润为佳，长期过湿易腐烂，冬季停止浇水，保持盆土干燥，忌积水。

繁殖方法 一般用扦插和分株法繁殖。

星球兜

景观用途

适于盆栽室内观赏。

别名：兜，星兜。

科属：仙人掌科星球属。

产地分布：原产于美国南部、墨西哥北部、东北和中部地区。

形态特征 植株呈扁圆球形，直径5~8厘米，球体由6~10条浅沟而分成6~10个扁圆棱。无刺，刺座上有白色星状绵毛。花着生于球顶部，漏斗形，黄色，花心红色，直径3~4厘米。

生长习性 喜阳光充足的环境，喜排水良好的富含石灰质的沙质壤土。

栽培管理 冬季宜冷凉（7~9℃），并保持盆土干燥。生长季节要经常浇水。成年植株5~6年换一次盆即可。

繁殖方法 多采用播种法繁殖栽培。

多棱球

景观用途

棱多且薄，刺长且宽，形态奇特，宜盆栽观赏。

别名： 多棱玉。

科属： 仙人掌科多棱球属。

产地分布： 原产于墨西哥东部。

形态特征 具棱80~100道，棱极薄，呈波状，每棱上有2个刺座。刺6~9枚，黄色，后变灰色。春季开花，花着生在球体顶部，钟形，白色，有紫色脉。果具纸质鳞片，纵裂。种子黑色。

生长习性 喜光照，耐寒。

栽培管理 虽喜阳光充足的环境，但在夏季宜遮阳，放置在半阴的地方，冬季要求冷凉，并保持培养土干燥，环境宜通风良好。

繁殖方法 以播种为主，也可嫁接和扦插。

乌羽玉

别名：僧冠掌。

科属：仙人掌科乌羽玉属。

产地分布：原产于墨西哥北部。

形态特征 老株丛生，萝卜状肉质根；球体扁球形或球形，表皮暗绿色或灰绿色；株高5~8厘米，棱垂直或呈螺旋状排列，顶部多绒毛，刺座有白色或黄白色绒毛；小花钟状或漏斗形，淡粉红色至紫红色；浆果粉红色，棍棒状，有10余粒黑色种子。

生长习性 耐阴，耐干旱，耐寒。

栽培管理 宜用深盆种植，选用透水、透气的培养土栽培。夏季要回避阳光直射，秋冬两季控水或断水。冬季可经受0℃的低温。

繁殖方法 每个果实约有10~30粒种子不等，可自花授粉繁殖栽培，也可嫁接繁殖，用仙人球属或天轮柱属植物做砧木。

龟甲牡丹

别名： 无。

科属： 仙人掌科岩牡丹属。

产地分布： 原产于美国德克萨斯西南部和墨西哥北部。

形态特征 球状植株单生或丛生，呈垫状生长，单个球体直径10~15厘米，顶部扁平，被有浓厚的白色或黄白色绒毛。表皮具厚实而坚硬的三角形疣突，疣突表面上灰绿色，至褐绿色，皱裂成不规则的沟，正中间一条纵沟一直伸到疣的腋部，并具短绵毛。花顶生，钟状，粉红色，长3.5~4厘米，非常艳丽夺目，且常数朵同时开放。

生长习性 喜充足而柔和的阳光，喜空气流通的环境，并要求栽培场所有一定的空气湿度。

栽培管理 生长季节要充分浇水，但忌盆中持续积水，每15天左右施一次"低氮、高磷钾"的复合液肥，以使植株多开花。夏季需适当遮阳，如果光线太强，不但容易灼伤球体，而且生长缓慢。冬季放在室内光线明亮处，保持盆土干燥，能耐5℃的低温。栽培中每年都要换盆一次，以促进植株生长茂盛。盆土要求排水、透气性良好，并含有适量石灰质的沙质土壤。由于本种具肥厚的直根，宜用较深的盆栽种。

繁殖方法 龟甲牡丹的繁殖栽培非常困难，可用播种或摘取子球进行嫁接的方法繁殖，由于植株果实成熟期非常长，且发芽很困难，故发芽率十分低，且实生苗生长很缓慢，是岩牡丹属中生长速度仅快于龙舌兰牡丹的品种。嫁接可用三棱箭等作砧木，以加快生长速度，提早开花，但嫁接苗寿命很短，易老化，不易栽培，且岩牡丹属植物落地非常困难，不易生根，死亡率很高。

帝冠

别名： 帝冠牡丹。

科属： 仙人掌科菊水属。

产地分布： 原产于墨西哥东北部。

盆栽帝冠可点缀窗台、书桌和案头，作为小摆设，是很难得的仙人掌类珍品。

景观用途

形态特征 帝冠植株单生，属小型种，是仙人掌类植物中的著名硬质代表种。植株扁球状，灰绿色三角形叶状疣突在茎部螺旋排列成莲座状，疣突背面有龙骨突。疣基部肉质坚硬，刺座在疣突顶端，新刺座上有短绵毛，一般刺座长有刺2~4枚，刺较小，长1~1.5厘米，刺细针状稍内弯，黄白色，早落。老株刺更易脱落，球体下部的疣状突起也易枯萎或脱落，形成树皮状的皱纹。花顶生，短漏斗状，花径2.3~3.5厘米，花白色或白色略带粉红色。子房花托筒裸露。白色浆果棍棒状，起初埋在顶部绒毛中，成熟后突然伸出，种子黑色梨形，植株十分美丽。

生长习性 对环境要求高，适应性较差，喜光照，忌积水，喜透气性良好的土壤。

栽培管理 帝冠生长极为缓慢，生长期可充足浇水，需充足阳光，切忌盆土积水，否则极易腐烂。白天气温24~29℃，晚间16~18℃是其生长适宜温度。冬季要求冷凉，但不能低于5℃，盆土保持干燥，否则在低温湿润的环境下极易腐烂。

繁殖方法 帝冠繁殖栽培较为困难，常用播种和嫁接繁殖栽培。播种宜在5~6月进行，用室内盆播，室温控制在22~24℃，7~8天发芽，实生幼苗生长非常缓慢，且帝冠为异花授粉，在一般情况下很难结果，播种后发芽率很低，死亡率高。嫁接一般在6~7月进行，用量天尺或草球做砧木，用切顶后促生的子球做接穗，嫁接后死亡率高，在嫁接后保持较高的空气湿度可提高成活率。

魔象球

景观用途

球形端正，容易开花，花大色鲜，浪适合家庭栽培。

别名： 黑象球。

科属： 仙人掌科顶花球属。

产地分布： 原产于墨西哥圣路易斯波托州。

形态特征 植株初始单生，成年株易萌生子球，圆球形至圆筒形，体色深青绿色，球径9~10厘米，具扁菱形疣状突起，无分棱，疣腋间有少许绒毛，灰白色。具末端黑色的针状刺4~5枚，夏季顶生米黄色漏斗状花，花径4~5厘米。

生长习性 喜充足而柔和的阳光和较高的空气湿度，适应于疏松肥沃的沙壤土。

栽培管理 夏季放置在有光照的地方，但在强光照下要适当遮阳，喜较高的空气湿度，因此可于早晚喷雾，提高空气湿度。

繁殖方法 采用嫁接子球的方法繁殖。

松霞

别名： 银松玉。
科属： 仙人掌科乳突球属。
产地分布： 原产于墨西哥。

形态特征 植株群生，椭圆形，单体球径约2厘米，体色暗绿色。具5~8个圆锥疣突的螺旋棱。白色刚毛状周刺30~40枚，黄褐色细针刺状中刺5~9枚。春季侧生淡黄色小型钟状花，花径1.5~2厘米，果实鲜红，久留球顶不掉，异常有趣。

生长习性 喜温暖干燥和阳光充足环境。较耐寒，耐干旱，怕强光。要求肥沃、排水良好的沙质土。

栽培管理 培养土用肥沃的腐叶土加粗沙，排水性要好。生长过程中以稍干燥为好，切忌过湿，否则根部极易腐烂。生长期每半月施肥1次。栽培3~4年需重新分株更新，保持球、刺清新、长势旺盛。冬季温度不低于5℃时可安全越冬。

繁殖方法 常用播种、扦插、分株和嫁接繁殖栽培。播种在4~5月进行，种子细小，采用室内盆播，播后10天发芽。幼苗秋季可分栽。扦插以5~6月为宜，直接从母株上剥下子球，插于沙床，约2周后生根。分株在3~4月结合换盆进行，将过于拥挤的植株，扒开直接分栽。嫁接，用量天尺作砧木，使用球体避软质茎，操作需谨慎，成活率低于硬质茎。

白星

景观用途　常用作园林栽培。

别名：无。

科属：仙人掌科乳突球属。

产地分布：原产于墨西哥北部以及非洲部分地区。

形态特征　多浆植物。茎小球形，密集丛生，直径5~7厘米，深绿色，密被白色羽毛状刺；疣状突起的腋部有白色长绵毛；刺40，均为辐射刺，0.3~0.7厘米，灰白或白色；花小，白色，花瓣具褐或红色中脉；种子褐色。

生长习性　习性强健，喜阳光充足。

栽培管理　栽培要求含石灰质较多的透气排水良好的沙质壤土。夏季会轻微休眠，应适当遮阳通风。冬季是其生长期，生长期采用"干透给水，浇水浇透"的方式浇水，保持盆土稍干燥，防止烂根。

繁殖方法　可切取子球扦插，很易成活。

玉翁

景观用途

为盆栽观赏植物。

别名： 无。

科属： 仙人掌科乳突球属。

产地分布： 原产于墨西哥。

形态特征 植株单生，圆球形至椭圆形，体色鲜绿。球径10~12厘米，具13~21个圆锥形的疣状突起，呈螺旋形排列的棱，疣腋间有15~20根3~4厘米长的白毛，新刺座有白色茸毛，白色刚毛状辐射周刺30~35枚，尖端褐色的中刺2~3枚。春季桃红色小型钟状花围绕球成圈开放，花径1~1.5厘米。

生长习性 习性耐干，怕寒冷，性喜光照充足，宜用腐叶土、沙壤土，再适量掺些粗砂、石灰土和碎砖屑。

栽培管理 球体在充分光照下，越发红艳喜人，但夏季仍应稍予遮阴。宜排水良好的肥沃壤土。 如培养土过湿，光线过弱，温度过高，都不利其生长。生长适温24~26℃。冬天一般要入室过冬，只要室内能保持5~6℃的温度，便可安全越冬。当室内气温接近0℃时，要注意防寒，除控制浇水外，白天必须放于向阳窗口，晚上要注意保暖。在生长期间浇水也不要过多，浇水不能沾到球体！但长期缺水或供水不足也影响其生长。

繁殖方法 常用播种、扦插、嫁接繁殖栽培。方法与金琥、绯牡丹相同。

猩猩球

景观用途

常用作园林栽培。

别名： 无。

科属： 仙人掌科乳突球属。

产地分布： 原产于墨西哥，分布较广。

形态特征 植株单生，圆筒状，高30厘米，直径10厘米。茎无白色乳汁。疣突腋部有绵毛及刺毛。辐射刺20~30毫米，常为白色，也有黄、褐或红色者；中刺7~15毫米，针形，其中1根有钩。花浅红至紫红，直径1.5厘米。

生长习性 适应性较强，喜透气性好、富含矿物质的沙壤土。

栽培管理 可用自根栽培，也可嫁接栽培。自根栽培时球体容易变长，刺的颜色变短，嫁接在砧木上时球体较圆，开花多，刺色红。

繁殖方法 播种或嫁接繁殖栽培。

Part 3
景天科多肉植物

细小景天

景观用途 可以作为园林观赏植物。

别名： 姬莲花。

科属： 景天科景天属。

产地分布： 原产于中国的江西省、江苏省，日本。

形态特征 为多年生草本多肉植物。茎绿色，分枝多。花茎高5~10厘米，下部有不育枝着生，叶对生或3~5叶轮生，倒卵形，长5~15毫米，宽3~5毫米；花茎上部的叶互生，倒披针状线形，长5~20毫米，宽1~2毫米，先端钝。花序聚伞状，有2~3分枝，花疏生，每枝上有3至数花，苞片线形；萼片5，狭披针形至宽线形，长3~7毫米，不等长，先端钝，基部有短距；花瓣5，黄色，宽披针形，长约5毫米，先端尖，雄蕊10，对萼的长4毫米，对瓣的着生在基部稍上处；鳞片5，宽楔形，长0.4毫米，宽0.5毫米，先端截形；心皮5，直立，披针形，基部2毫米合生，全长5毫米，花柱细，长2毫米在内。蓇葖成熟时星芒状展开。

生长习性 生于低山山地阴湿石上，喜湿润环境。

栽培管理 较易栽培，生长期内充足浇水。

繁殖方法 以茎段扦插为主，但还可以采取叶插的繁殖方法。叶插法是用健康的叶片，插入湿润的草木灰放在通风透亮的地方。出现须根后连根起，将根埋入土中，嫩芽出现一周左右即可移盆定植。

八宝景天

别名： 华丽景天。

科属： 景天科景天属。

产地分布： 原产于中国东北地区以及河北、河南、安徽、山东等地。

景观用途 叶形叶色较美，有一定的观赏价值；盆栽可放置于电视、电脑旁，可吸收辐射，亦可栽植于室内以吸收甲醛等物质，净化空气。

形态特征 多年生常绿肉质草本植物，株高30~50厘米。地下茎肥厚，地上茎簇生，粗壮而直立，全株略被白粉，呈灰绿色。叶轮生或对生，倒卵形，肉质，具波状齿。伞房花序密集如平头状，花序径10~13厘米，花淡粉红色，常见栽培的尚有白色、紫红色、玫红色品种。

生长习性 性喜强光和干燥、通风良好的环境，能耐零下20℃的低温；喜排水良好的土壤，耐贫瘠和干旱，忌雨涝积水。

栽培管理 夏季可在强光下栽培，过低的光照度会引起茎段徒长，经常保持培养土湿润，但不能给水，冬季可安全越冬。

繁殖方法 可用分株和扦插的方法繁殖，一般采用扦插方法，选择长势良好的健康的茎段，去点基部1/3的叶片，在阴凉处晾置1~2天，斜插入平整的培养土即可。

乙女心

景观用途 叶形叶色较美，有一定的观赏价值；栽可放置于电视、电脑旁，亦可栽植于室内以吸收甲醛等物质，净化空气。

别名： 无。

科属： 景天科景天属。

产地分布： 原产于墨西哥，现世界多地有栽培。

形态特征 叶片密集排列在茎干的顶端，叶片肥厚，叶色翠绿至粉红，新叶色浅，老叶色深，老叶比新叶圆润，在强光与昼夜温差大或冬季低温期叶色会变红，在弱光下叶色变浅绿或深绿，叶片拉长。叶片上覆有细微白粉，老叶白粉掉落后呈光滑状。

生长习性 喜光照，耐干旱，较喜肥。

栽培管理 乙女心需接受充足太阳光照后才会艳丽，除夏季要注意适当遮阳外，其他季节都可以全日照。乙女心在夏季会进入休眠期，此时应不浇水或少浇水，冬季温度在0℃以下时也不能浇水，以免冻伤。

繁殖方法 可茎插也可叶插。取下茎条或叶片后晾置风干几天，再插入或平放在干燥的培养土上，发根后浇水缓苗。

虹之玉

景观用途

植株小巧玲珑，然是可爱，宜盆栽观赏，也可应用于岩石园、墙园等。

别名： 耳坠草，玉米粒。

科属： 景天科景天属。

产地分布： 原产于北非、西亚的干旱地区，现多地有栽培。

形态特征 株高10~20厘米，多分枝。肉质叶膨大互生，圆筒形至卵形，长2厘米，绿色，表皮光亮、无白粉，在阳光充足的条件下转为红褐色，小花淡黄红色。

生长习性 喜温暖及昼夜温差明显的环境。对温度的适应性较强，在10~28℃均可良好生长。

栽培管理 喜光，整个生长期应使之充分见光，但夏季曝晒会造成叶片灼伤，可适当遮光或半日晒，中午避免阳光直射。秋季气温降低，是其生长最佳季节，此时光照能使叶片逐渐变为红色。虹之玉生长缓慢，耐干旱，不宜大肥大水，见干浇透，冬季减少浇水量和浇水次数。

繁殖方法 通常采取扦插法，茎插、叶插均可。茎插可利用修剪下来的枝条，截成长5厘米的茎段，在阴凉处晾晒3~5天，待切口处稍干后再插于苗床内。叶插繁殖是从茎上取下完整叶片（注意不要损伤叶片），放置3天后再扦插。

八千代

景观用途

株形优美，叶片圆润可爱，可作小型盆栽，点缀家居环境。

别名： 无。

科属： 景天科景天属。

产地分布： 原产于墨西哥。

形态特征 植株呈小灌木状，高20~30厘米，多分枝。叶片松散地簇生于分枝顶部，叶肉质，圆柱形，表面平整光滑，稍向上内弯，顶端圆钝较基部稍细，叶长3~4厘米，粗约0.6厘米，叶色灰绿或浅蓝绿色。在阳光充足的条件下，叶先端呈橙色或橙黄色，在冷凉季节或温差较大、阳光充足环境下尤为明显。春季开花，黄色。

生长习性 喜温暖干燥和阳光充足的环境，不耐寒，怕水湿，宜用疏松透气、排水良好的沙质土壤。

栽培管理 春秋季节的生长期可放置在室外阳光充足或室内光线明亮的地方养护，平时浇水不宜过多，保持盆土稍干燥为佳，等新叶萌发和叶片膨大时可适当增加浇水量。夏季高温时植株处于半休眠状态，生长缓慢，可放在通风处，并减少浇水，等秋凉后再恢复正常管理。每年春季换盆一次。

繁殖方法 繁殖较为容易，可于生长季节采取叶插的方法繁殖，选取健康、饱满的完整叶片，在通风干燥处晾置至伤口干燥，再参考基础知识部分叶插方法处理。

姬星美人

景观用途

适合盆栽摆放在家居环境，叶形叶色较美，有一定的观赏价值。

别名：无。

科属：景天科景天属。

产地分布：原产于西亚和北非的干旱地区。

形态特征 为多年生肉质植物，株高5~10厘米，茎多分枝，叶膨大互生，倒卵圆形，长2厘米，绿色，叶片肉质，深绿色，春季开花，花淡粉白色。

生长习性 喜温暖干燥和阳光充足环境，较耐寒，怕水湿，耐干旱。宜肥沃、疏松和排水良好的沙质壤土。

栽培管理 夏季高温强光时适当遮阳，但遮阳时间不宜过长，否则茎叶柔嫩，易倒伏。秋季可放置在阳光充足的地方，冬季温度维持在10℃为好，减少浇水，保持培养土稍干。在春季换盆，换盆时对茎叶适当修剪。

繁殖方法 常用播种和扦插的方法繁殖。播种在2~5月进行，采用室内盆播，播后12~15天发芽。扦插全年均可进行，易存活，可茎插和叶插。

艳日伞

别名： 艳日伞冠。

科属： 景天科莲花掌属。

产地分布： 原产于西南非洲，现我国多地有栽培。

形态特征 艳日伞有缀化变异品种，原种艳日伞植株呈矮灌木状，肉质叶莲座状排列，叶片长倒卵形，中央有一黑褐色纵条纹，叶色深绿至淡绿色，边缘有淡黄色晕纹，叶缘有细密的小锯齿，在阳光充足的条件下呈粉红色。

生长习性 宜温暖干燥和阳光充足的环境，耐干旱和半阴，不耐寒冷和酷热，忌水湿。

栽培管理 生长期在春秋两个季节，生长期应给予充足的光照，保持土壤稍偏干，夏季高温时植株处于休眠或半休眠状态，可放在通风良好处养护，并较少浇水，适当遮光。冬季放在室内阳光充足处，温度在10~15℃以上时，可正常浇水，使之继续生长，温度过低时停止浇水，使之休眠。

繁殖方法 常用茎插方法繁殖，选用健壮充实的带有叶片的肉质茎，晾置2~3天后在砂土或蛭石中进行扦插，扦插后保持培养土稍有潮气，很容易生根。

石莲花

景观用途

叶似玉石，集聚枝顶，排成莲座状。是美丽的观叶植物。适宜作盆花、盆景，也可配作插花用。

别名： 莲花掌，仙人荷花。

科属： 景天科莲花掌属。

产地分布： 原产于墨西哥，我国栽培普遍。

形态特征 多年生宿根多浆植物。其茎短缩，枝匍匐，叶倒卵形，似荷花瓣，肥厚多汁，先端锐尖，稍带粉蓝色，叶心淡绿色，大叶微带紫晕，表面具白粉。总状聚伞花序，花冠红色，花瓣不张开。花期7~10月。

生长习性 生性特强健,极易栽培。喜充足的光照，不怕烈日,越晒越易开花,株形越美。耐半阴，不能过阴，否则叶小稀疏，茎长瘦弱，花少无颜。在肥沃疏松的土壤中叶厚密实，花多色艳。耐旱，耐寒。

栽培管理 春季、秋季、冬季均需要充足的光照，夏季可适当遮阳，放在通风阴凉处养护，浇水不宜过多，掌握"不干不浇、浇则浇透"的原则，避免长期雨淋，避免盆内给水。每个1~2年换盆一次，换盆宜在春秋季节进行。

繁殖方法 常用扦插繁殖，也可用分株法。扦插于春、夏进行。茎插、叶插均可。也可搞分株繁殖，最好在春天进行。插穗可用单叶、蘖枝或顶枝，剪取的插穗长短不限，但剪口要干燥后，再插入沙床。插后一般20天左右生根。

黑法师

别名： 紫叶莲花掌。

科属： 景天科莲花掌属。

产地分布： 原产于摩洛哥加那利群岛及美国加州地区，我国多地有分布。

形态特征 黑法师是莲花掌的栽培品种，外形特殊，叶色美观。植株呈灌木状，直立生长，多分枝，老茎木质化，茎圆筒形，浅褐色，肉质，叶稍薄，在枝头集成20厘米的菊花形莲座叶盘，叶片倒长卵形或倒披针形，长5~7厘米，顶端有小尖，叶缘有白色睫毛状细齿，叶色黑紫，冬季则为绿紫色。总状花序，长约10厘米，小花黄色，花后植株通常枯死。

生长习性 喜温暖、干燥和阳光充足的环境，是"冬种型"，耐干旱，不耐寒，稍耐半阴，日照过少时叶片会变为绿色。

栽培管理 夏季高温时植株有短暂的休眠期，此时植株生长缓慢或完全停滞，可放在通风良好处养护，避免长期雨淋，并稍加遮光，节制浇水，也不要施肥。春、秋季和初夏是植株的主要生长期，应给予充足的阳光。冬季若最低温度不低于10℃，可正常浇水，使植株继续生长，但不必施肥。

繁殖方法 可采用茎插的方法繁殖。在生长期间选取健壮充实的肉质茎，在蛭石或沙石中进行扦插种植。也可叶插，但不易繁殖。

莲花掌

景观用途 莲花掌是十分有趣的植物，可以迷你饰品的形式点缀茶几、窗台和书架。

别名：莲座草。

科属：景天科莲花掌属。

产地分布：世界多地有栽培。

形态特征 根茎粗壮，有多数长丝状气生根。叶蓝灰色，近圆形或倒卵形，先端圆钝近平截形，红色，无叶柄。总状单枝聚伞花序，花茎高20~30厘米，花8~12朵，外面粉红色或红色，里面黄色，花期6~8月。

生长习性 喜温暖干燥和阳光充足的环境，不耐寒，耐半阴，怕水湿，忌烈日。

栽培管理 莲花掌喜阳光充足的环境，长期放在荫蔽处，植株易徒长且叶片稀疏、颜色暗淡。在充足的阳光照射下，不但株形紧凑，而且叶片颜色翠绿、鲜艳。冬季气温较低，阳光照射下叶片边缘会呈现红褐色，随着气温转暖逐渐恢复正常。莲花掌春、秋、冬季都需要充足的阳光，夏季可适当遮阳降温，放在通风阴凉处养护。其他管理方法与石莲花类似。

繁殖方法 可采用茎插和叶插的方法繁殖，于春、秋季节进行。注意扦插的培养土不宜过湿，繁殖腐烂。

黑王子

景观用途

黑王子端正完美的莲座叶盘和特殊的叶色使它具有很高的观赏性，十分引人注目。并且栽培人注目。并且栽培繁殖简便，是家庭盆栽佳品。

别名：无。

科属：景天科石莲花属。

产地分布：我国多地有分布。

形态特征 多年生肉质草本植物，植株具短茎，肉质叶排列成标准的莲座状，生长旺盛时其叶盘直径可达20厘米，叶片匙形，稍厚，顶端有小尖，叶色黑紫，聚伞花序，小花红色或紫红色。

生长习性 喜温暖干燥和阳光充足的环境，耐干旱，不耐寒，稍耐半阴。

栽培管理 夏季高温时植株有短暂的休眠期，此时植株生长缓慢或完全停滞，可放在通风良好处养护，避免长期雨淋，并稍加遮光，节制浇水，也不要施肥。春、秋季和初夏是植株的主要生长期，应给予充足的阳光才能使叶片保持黑色。

繁殖方法 可叶插繁殖，叶插在生长期进行，掰取成熟而完整的叶片进行扦插，插前晾1~2天，稍倾斜或平放于蛭石或沙土上，保持稍有潮气，很快就会在基部生根，并长出新芽，等新芽长得稍大些，另行栽种即成为新的植株；还可用老株旁边萌发的幼株扦插，也容易成活。

花月夜

景观用途

叶形叶色较美，有一定的观赏价值，可盆栽点缀家居环境。

别名： 无。
科属： 景天科石莲花属。
产地分布： 我国多地有分布。

形态特征 叶子勺形，叶尖有红边，日照充足的情况下叶边会变红。整株植物呈一朵莲花造型。花朵是铃铛形的，花色是黄色。花期春季。

生长习性 喜阳光，耐旱，生长适温为15~25℃。

栽培管理 花月夜为"夏种型"植物，冬季有休眠，将环境温度维持在5℃以上，不浇水，夏季温度高于30℃时也不浇水，浇水是防止浇到植株的茎叶上。

繁殖方法 采取茎插和叶插两种方法繁殖。具体方法参考景天科其他品种植物。

蓝石莲

景观用途

蓝石莲是一种非常漂亮的蓝色调多肉植物，可用于制作组合盆栽。

别名：皮氏蓝石莲花。

科属：景天科石莲花属。

产地分布：我国多地有栽培。

形态特征 全年大部分时间都是蓝白色，是比较经典的石莲花，日照充足的时候叶片的边缘会变为粉红色。

生长习性 喜温暖干燥和阳光充足的环境，耐干旱，不耐寒，稍耐半阴。

栽培管理 夏季高温时植株有短暂的休眠期，植株生长缓慢或完全停滞，此时要防止太阳直射；春、秋季和初夏是植株的主要生长期，可给予充足光照。高温期节制浇水；生长期干透浇透，保持适当干燥，冬季温度低于5℃控制浇水。

繁殖方法 叶插与扦插都可以，一般以叶插为主，比较容易成功，也可以把侧芽掰下进行扦插。

神刀

神刀植株肥厚多汁，叶似镰刀或螺旋桨，奇特有趣。春天还会开出鲜艳的红色花朵，有较高的观赏价值，可装饰几案、窗台、写字台等处。

别名：尖刀，镰神刀，犬刀兰，神刀草。

科属：景天科青锁龙属。

产地分布：原产于南非，现多地有栽培。

形态特征 为多年生肉质草本植物，株高50~100厘米。单叶互生，镰刀状，多肉，叶片有淡淡的白粉。伞房状聚伞花序顶生；小花橙红色。蓇葖果。花期7~8月。

生长习性 适应性强，特别耐干旱，喜温暖，不耐寒，生长适温为18~28℃。

栽培管理 夏季温度高于25℃时要适当遮阳，并加强通风。冬季温度维持在5℃时可安全越冬。生长期只需保持培养土湿润即可，过湿会引起烂根，冬季休眠期不浇水。

繁殖方法 常用扦插和播种繁殖。扦插时选择充实、挺拔叶片，常将一短茎剪下，稍晾干后插于沙床，约15~20天可生根。也可将叶片切成5~6厘米长的块状，待切口干燥后，平放在湿润的沙面上，约20~30天从愈合处生根，长出新枝。播种，在春季4~5月进行，播种约10~15天发芽，幼苗生长较快。

青锁龙

景观用途

适用于盆栽，点缀茶几、案头、书架等。

别名： 景天树，翡翠木。
科属： 景天科青锁龙属。
产地分布： 原产于纳米比亚，现多地有栽培。

形态特征 肉质亚灌木，高30厘米，茎细易分枝，茎和分枝通常垂直向上。叶呈鳞片般的三角形，在茎和分枝上排列成4棱，非常紧密，以致使人误认为只有绿色4棱的茎枝而无叶，当光线不足时叶片散乱。花着生于叶腋部，很小。

生长习性 喜温暖干燥和阳光充足环境。怕低温和霜雪，耐半阴，喜肥沃、疏松、排水良好的沙壤土。

栽培管理 生长期每周浇水2~3次，梅雨季节和高温季节每周浇水1~2次。植株生长过高时需摘心压低，分枝过多或过于倾斜、稠密的枝条应修剪。室外摆设时，要避开大雨冲淋，否则根部受损，枝条变黄腐烂。每2~3年植株需重新扦插更新。

繁殖方法 主要用扦插繁殖，全年均能进行，以春、秋季生根块，成活率高。选取较整齐、鳞片状叶片排列紧密的枝条，剪成12~15厘米长，插于砂土上，插后约20~25天生根，根长2~3厘米时即可上盆。

茜之塔

别名：无。

科属：景天科青锁龙属。

产地分布：原产于南非，现多地有栽培。

形态特征 多年生肉质草本植物，矮小的植株呈丛生状，高仅5~8厘米，直立生长，有时也具匍匐性。叶无柄，对生，密集排列成四列，叶片心形或长三角形，基部大，逐渐变小，顶端最小，接近尖形。叶色浓绿，在冬季和早春的冷凉季节或阳光充足的条件下，叶呈红褐或褐色，叶缘有白色角质层。整个植株叶片排列紧密而整齐，由基部向上逐渐变小，形成宝塔状。

生长习性 喜温暖、干燥、阳光充足的环境，不耐寒，忌水湿、高温闷热和过于荫蔽，耐干旱和半阴。

栽培管理 春天、初夏和秋天是其生长期，应给予充足光照，保持培养土湿润，但不积水。夏季高温时植株进入休眠或半休眠状态，此时应放置在通风凉爽、光线明亮又无阳光直射处养护，不宜过多浇水，以防烂根。冬季放在室内阳光充足处，保持培养土干燥，温度高于10℃时可适量浇水。

繁殖方法 可结合春季换盆进行分株，方法是将生长密集的植株分开，每3~4支一丛，然后直接上盆栽种。也可在生长季节剪取健壮充实的顶端枝条在砂土中进行扦插，每段插穗应有4对以上的叶片，长3~5厘米，在18~24℃的条件下，保持稍有潮气，2~3周生根。还可采收种子，于4~5月进行播种，在20℃左右的条件下，播后两周内种子发芽。

筒叶花月

景观用途

为园艺变种，叶形奇特，色彩宜人，是理想的室内小型观叶植物。

别名：吸财树，马蹄角，马蹄红。

科属：景天科青锁龙属。

产地分布：原产于南非纳塔尔省，现多地有栽培。

形态特征 植株呈多分枝的灌木状，茎明显，圆形，表皮黄褐色或灰褐色。叶互生，在茎或分枝顶端密集成簇生长，肉质叶筒状，长4~5厘米，粗0.6厘米至0.8厘米，顶端呈斜的截形，截面通常为椭圆形，似马蹄，叶色鲜绿，有光泽，冬季其截面的边缘呈红色，非常美丽。

生长习性 喜温暖干燥和阳光充足的环境，耐干旱和半阴，不耐寒，喜疏松透气的轻质酸性土。

栽培管理 用轻质酸性土栽培，浇水时选用弱酸性水，放置在阳光充足的环境，在半阴处虽能生长，但叶片会变得细长，松散。

繁殖方法 繁殖可用成熟的叶片或健壮的肉质茎进行扦插。

火祭

火祭叶色鲜艳，用于装饰光照充足的窗台、阳台、庭院等处，常给人以生机勃勃的感觉。

景观用途

别名： 秋火莲。

科属： 景天科青锁龙属。

产地分布： 原产非洲南部地区，现多地可栽培。

形态特征 植株丛生，长圆形肉质叶交互对生，排列紧密，使植株呈四棱状，叶色在阳光充足的条件下呈红色，根粗壮，直立。根颈短，先端被鳞片。

生长习性 喜凉爽、干燥和阳光充足的环境，耐干旱，怕水涝，具一定的耐寒性。

栽培管理 夏季高温时休眠，切记控制湿度，否则极易腐烂。冬季放在阳光充足的室内，保持盆土干燥，5℃以上可安全越冬。每1~2年春季换盆一次，盆土宜用排水透气性良好的沙质土壤。当植株长得过高时要及时修剪，以控制植株高度，促使基部萌发新的枝叶，维持株形的优美。

繁殖方法 春秋季剪取嫩枝，阴干两至三天，然后浅埋土中即可。10日后浇一次透水，约20日生根。火祭的繁殖可在生长季节剪取带顶梢的肉质茎进行扦插。

落地生根

景观用途

其叶片肥厚多汁，边缘长出整齐美观的不定芽，形似一群小蝴蝶，飞落于地，立即扎根繁育子孙后代，颇有奇趣。用于盆栽，是窗台绿化的好材料，点缀书房和客室也具雅趣。

别名： 大叶落地生根。

科属： 景天科伽蓝菜属。

产地分布： 原产非洲马达加斯加岛的热带地区。

形态特征 株高50~100厘米，茎单生，直立，褐色。叶交互对生中，叶片肉质，长三角形，叶长15~20厘米，宽2~3厘米以上，具不规则的褐紫斑纹，边缘有粗齿，缺刻处长出不定芽。复聚伞花序、顶生，花钟形，橙色。

生长习性 喜阳光充足温暖湿润的环境，较耐，甚耐寒，耐干旱。适宜生长于排水良好的酸性土壤中。

栽培管理 落地生根适应性强，栽培管理粗放。盛夏要稍遮阴，其他季节都应有充足的光照，否则叶缘的色彩将消失。秋凉后要减少浇水，冬季入室后室温只要保持0℃以上就能越冬但盆土家稍微保持湿润。生长期浇水稍多，保持盆土湿润，但不能积水。秋冬气温下降，应减少浇水。茎叶生长过高时，应摘心压低株形，促其多生枝。

繁殖方法 常用扦插、不定芽和播种繁殖。扦插，以5~6月最好，将健壮叶片平放在沙床上，与沙紧贴，保持湿度。插后1周即能从叶缘齿缺处长出小植株。长成后割切移入盆内。枝插，剪取顶端枝条8~10厘米长，稍干燥后插入沙床，1周后开始生根，2周后可盆栽。不定芽繁殖更为简便，将叶缘生长的较大不定芽剥下可直接上盆。播种，种子细小，播后不覆土，播后约12~15天发芽，发芽率高。

唐印

别名： 牛舌羊吊钟。

科属： 景天科伽蓝菜属。

产地分布： 原产南非开普省东部和德兰士瓦省。

景观用途 叶片大、叶色美，株形也很漂亮，是多肉植物中的观叶佳品。除盆栽观赏外，还可经造型后制成盆景或地栽供园林部门布置多肉植物温室之用，效果都不错。

形态特征 多年生肉质草本植物，茎粗壮，灰白色，多分枝，叶对生，排列紧密。叶片倒卵形，长10~15厘米，宽5~7厘米，全缘，先端钝圆。叶色淡绿或黄绿，被有浓厚的白粉，因此，看上去呈灰绿色，秋末至初春的冷凉季节，在阳光充足的条件下，叶缘呈红色。小花筒形，黄色，长1.5厘米。

生长习性 耐半阴，稍耐寒，宜用排水、透气性良好的沙壤土。

栽培管理 冬季给予充足的阳光，保持盆土适度干燥，能耐3~5℃的低温。夏季高温时植株长势较弱或完全停止生长，可放在通风、凉爽处养护，并节制浇水，防止腐烂。春、秋两季的生长旺盛期，要多见阳光，经常浇水，保持土壤湿润，每10天左右施一次腐熟的薄肥。浇水、施肥时，注意肥、水不要溅到叶片上，以免冲洗掉叶面上的白粉，影响观赏。每年春季换盆一次。

繁殖方法 可在生长季节进行扦插，芽插、叶插或用带叶片的茎段扦插都可以，扦插前将插穗稍晾1~2天，插后防止雨淋，保持稍有潮气，很容易生根。

趣蝶莲

趣蝶莲株形奇特，对称的叶片宽大肥厚，富有光泽，叶缘处的红色鲜艳醒目，匍匐枝顶部的小植株更如翻翻起舞的蝴蝶。用盆栽装饰窗前、桌顶、书桌等处或直接用吊盆栽植点缀室内环境，会给人以清新幽雅、生动有趣的感受，深受人们的喜爱。

别名： 双飞蝴蝶，趣蝶丽。
科属： 景天科伽蓝菜属。
产地分布： 原产于非洲东南部的马达加斯加岛。

形态特征 植株具短茎，叶肉质，对生卵形，有短柄，叶长6~14厘米，宽4~6厘米，叶缘有锯齿状缺刻。叶灰绿色中略带红色，叶缘呈红色。长而细的花葶从叶腋处抽出，小花悬垂铃状，黄绿色。有趣的是，当植株长到一定大小时，叶腋处会抽出细而长的匍匐枝（走茎），每个匍匐枝顶部都会生出形似蝴蝶的不定芽，这些不定芽很快就会发育成带根的小植株。

生长习性 喜温暖干燥和阳光充足的环境，耐干旱和半阴，怕低温和积水。

栽培管理 夏季要适当遮阴，以防烈日暴晒，但也不能过于荫蔽，以光线明亮、无直射阳光为佳。因为光线不足，会使叶片柔软、变形、不挺拔，叶色也转为暗黄色，直接影响株形的优美。此外，夏季高温时还要加强通风，以防闷热的环境对植株损害。其它季节则尽可能地多见阳光。冬季放在室内阳光充足的窗前养护，维持5℃以上即可安全越冬。栽培中不宜浇水过多，以免因盆土过湿而引起根部腐烂，但可在空气干燥时向叶面喷水，盛夏和冬季更应该严格控制浇水。每年的春季应对植株进行换盆，盆土宜用疏松、肥沃的沙壤土。

繁殖方法 可把匍匐枝顶端的不定芽剪下，直接上盆栽种，此法全年均可进行，但以春、秋两季效果最好。也可在5~6月进行叶插，方法是将成熟充实的叶片切下，稍晾2~3天，待切口干燥后插入沙土中，以后保持稍有潮气，20~25天即可生根，并逐渐长出小植株，等小植株稍大一些，就可上盆定植。

月兔耳

景观用途 叶形叶色较美，有一定的观赏价值；盆栽可放置于电视、电脑旁，可吸收辐射，亦可栽植于室内以吸收甲醛等物质，净化空气。

别名： 褐斑伽蓝。

科属： 景天科伽蓝菜属。

产地分布： 原产中美洲干燥地区及马达加斯加，现世界多地可栽培。

形态特征 为多年生多肉类植物，叶片奇特，形似兔耳，植株密被绒毛，叶片边缘着生褐色斑纹，植株为直立的肉质灌木，容易长高，中型品种。植株叶片对生，长梭型，整个叶片及茎干密布凌乱绒毛，新叶金黄色，老叶片颜色微微黄褐色，叶尖圆型。初夏开花，聚伞花序，花序较高，小花管状向上，花开白粉色，花瓣4片，花期较长。

生长习性 喜阳光充足的环境，夏季要适当遮阴，不能过于荫蔽。喜温暖，冬季温度不能低于10℃。具有冷凉季节生长，夏季高温休眠的习性。

栽培管理 夏季温度超过35℃时减少浇水，适当遮阳，避免烈日暴晒。冬季在干燥的环境下能耐零下2℃的低温。春秋季节为其生长季节，可放置于阳光充足的地方，生长期需保持土壤微湿，避免积水。

繁殖方法 可用枝插和叶插法。枝插时在生长季节将侧枝切取下来，晾晒1~2个小时，可直接扦插于培养土中，极易生根。叶插时在生长季节剪取生长充实的叶片，可把叶片分割成2~3段，然后将叶片平铺在壤土上或泥炭土上，将叶片略向下按压，放入半阴处养护，20天后可产生根系，然后在生根部位处长出不定芽，待长出4~5片叶时可定植。

观音莲

别名：长生草，观音座莲，佛座莲。

科属：景天科长生草属。

产地分布：原产于西班牙、法国、意大利等欧洲国家的山区，现世界多地有栽培。

形态特征 观音莲株型端庄，叶片莲座状环生，如莲座一般的外形，叶片扁平细长，前端急尖，叶缘有小绒毛，充分光照下，叶尖和叶缘形成非常漂亮咖啡色或紫红色。发育良好的植株在大莲座下面会着生一圈小莲座，此外每年的春末还会从叶丛下部抽出类似吊兰的红色走茎，走茎前端长有莲座状小叶丛。花小，呈星状，粉红色。

生长习性 喜温湿润、半阴的生长环境，不耐高温，生长适温为20~30℃，宜用疏松肥沃，排水和透气性良好的土壤栽培。

栽培管理 夏季休眠期可放置在无阳光直射的、通风良好的地方养护，控制浇水。冬季温度在15℃以上时植株继续生长，可正常浇水；控制浇水，促使植株休眠时可耐0℃的低温。春秋季节保证植株有充足的光照，浇水遵照"不干不浇，浇则浇透"的原则，注意避免长期积水。

繁殖方法 可扦插，可分株。主要以分株方式繁殖，将小株剪出来单独扦插在培养土中即可。

紫牡丹

景观用途 叶形叶色十分美丽，适合盆栽观赏。

别名： 大红卷绢。

科属： 景天科长生草属。

产地分布： 原产于中南欧、北非高加索和小亚细亚。

形态特征 肉质草本，叶厚，蜡质，常成莲座状，叶上常有丝状毛或毫毛，阳光充足时叶片紧紧包裹，并在冬春季节呈现暗红色；花聚伞式圆锥花序，红、白、黄等色。

生长习性 喜光照，耐寒，对高温敏感，喜微酸性培养土。

栽培管理 夏季高温时和冬季寒冷时植株都处于休眠状态，夏季保持空气流通，避免暴晒，冬季可耐短暂严寒，但最好放置在室内，并且尽可能多给予日照。春秋季节为其生长季节，要求有充足的阳光，按"不干不浇，浇则浇透"的原则给水，避免长期给水，以免造成烂根，但也不能过于干旱。

繁殖方法 可分株繁殖，也可叶插。叶插十分容易，杂交则极易获得种子。

熊童子

景观用途 熊童子株形不大，分枝繁多，玲珑秀气，体形文雅，独特漂亮，可作室内小型盆栽。

别名： 无。

科属： 景天科银波锦属。

产地分布： 原产于非洲纳米比亚。

形态特征 多年生肉质草本植物，植株多分枝，呈小灌木状，茎深褐色，肥厚的肉质叶交互对生，叶片卵形，长2~3厘米，宽1~2厘米，顶部叶缘有缺刻，叶表绿色，密生白色短毛。叶片肉质，匙形，密被白色绒毛，下部全缘，叶端具爪样齿，在阳光充足生长环境下，叶端齿会呈现红褐色，活像一只小熊的脚掌，煞是可爱。

生长习性 喜温暖干燥和阳光充足、通风良好的环境，忌寒冷和过分潮湿。熊童子没有夏季休眠的习性，即使最高温度超过30℃，仍然生长旺盛。

栽培管理 夏初可充分浇水，除雨天外应早晚各一次浇足。当夏季温度超过35℃时，应减少浇水，防止因盆土过度潮湿引起根部腐烂。同时应适当遮阴以防止烈日晒伤向阳叶片，留下疤痕影响整体的观赏性。其他季节则要充分见光。冬季根据适温和光照情况给水，若光照不足则勿使培养土过湿。

繁殖方法 主要用扦插繁殖。在生长期选取茎节短、叶片肥厚的插穗，长5~7厘米，以顶端茎节最好。剪口稍干燥后再插入沙床，插后约20~25天生根，30天即可盆栽。也可把枝条直接插入园土中。

桃美人

桃美人株形、叶形奇特，生长缓慢，容易保持姿态，整个植株犹如优美的工艺品，色彩淡雅，点缀厅台、书桌、几案均很适宜，是室内盆栽佳品。

景观用途

别名： 无。

科属： 景天科厚叶草属。

产地分布： 原产于墨西哥，现世界多地有栽培。

形态特征 茎短，直立。肉质叶具多浆薄壁组织，单株约12~20片叶，互生，排列呈延长的莲座状，呈倒卵形，长2~4厘米，宽、厚各2厘米左右，先端平滑钝圆。花钟形，红色。花期夏季。叶片在阳光充足且温差大的环境下易变成粉红色，犹如桃子一般可爱肥厚，故称为桃美人。

生长习性 喜温暖、干燥和光照充足的环境，耐旱性强，要求质地疏松、排水良好的沙壤土。

栽培管理 在冬季温暖、夏季冷凉的气候条件下生长良好，不耐夏季湿热天气。生长季节适量浇水，夏季湿热的条件下要控制浇水，加强通风，注意遮阴，保持较为冷凉的环境。冬季要放在冷凉室内，温度一般不超过10℃，并减少浇水，保持盆土稍干燥。

繁殖方法 枝插或叶插繁殖均可，以叶插为好。于春秋两季从健壮的植株上切取完整、健康、饱满叶片，置于阴凉的环境中晾至伤口干燥后即置于盆沙中，保持盆沙微潮。当根长达2~3厘米时可将根覆上一层薄薄的细沙。

冬美人

景观用途

叶形叶色较美，有一定的观赏价值；可栽植于室内以吸收甲醛等物质，净化空气，云南等地常用来食用。

别名： 东美人。

科属： 景天科厚叶草属。

产地分布： 原产墨西哥，现世界多地可栽培。

形态特征 多年生无毛肉质草本植物，叶片环状排列，匙型，有叶尖，叶缘圆弧状，叶片肥厚，叶片光滑微量白粉，叶片蓝绿色至灰白色。阳光充足叶片紧密排列，叶片顶端和叶心会轻微粉红，弱光则叶色浅灰绿，叶片变的窄且长，叶片间的间距会徒长拉长。花杆很高，簇状花序，红色花朵，花朵倒钟形，串状排列，花开五瓣，初夏开花。

生长习性 喜温暖、干燥和光照充足的环境，耐旱性强，喜疏松、排水透气性良的土壤，无明显休眠期。

栽培管理 在冬季温暖、夏季冷凉的气候条件下生长良好。生长期适量浇水，夏季湿热情况下控制浇水并注意遮阴，加强通风。冬天温度低于5℃就要逐渐控制浇水，0℃以下保持盆土干燥，尽量保持不低于零下3℃。

繁殖方法 主要用叶插及枝插繁殖，以叶插为好。于生长季节从健壮的植株上切取叶片，放阴凉的环境中晾几天，待稍干后即入盆沙中，少量浇水，保持盆沙潮润，极易生根成活，当根长达到2~3厘米时，即可移入小盆中培养。

姬胧月

景观用途

叶形叶色较美，有一定的观赏价值。

别名： 宝石花，初霜等。

科属： 景天科风车草属。

产地分布： 原产于墨西哥，现多地有栽培。

形态特征 叶排成延长的莲座状，被白粉或叶尖有须。叶色朱红带褐色，叶呈瓜子型，叶末较尖，开黄色小花，星状。

生长习性 喜温暖干燥和阳光充足的环境，忌大湿大水。

栽培管理 生长期需放在阳光下培养。浇水不可过多，以免腐烂。冬季温度需保持0℃以上，这样可安全越冬。夏季高温时可放在通风良好处养护，避免烈日暴晒，可向植株适当喷水降温。春、秋两季需要充足的光照，否则会造成植株徒长，株型松散，叶片变薄，叶色黯淡，叶面白粉减少。

浇水掌握"不干不浇，浇则浇透"的原则，避免盆土积水，空气干燥时可向植株周围洒水，但叶面，特别是叶丛中心不宜积水，否则会造成烂心，尤其要注意避免长期雨淋。

繁殖方法 主要用叶插方法繁殖，成功率很高，接近100%，叶插方法参考景天科其他植物。

胧月

景观用途

胧月株形及花色均具观赏价值，且养护简便，极少病虫害，很适合家庭种植。它既适于盆栽、玻璃瓶内栽培，点缀在光线充足的窗台及案头；也适于吊篮栽培，利用其蔓生性是挂在墙壁上。

别名： 宝石花，石莲花，风车草等。

科属： 景天科风车草属。

产地分布： 原产于墨西哥伊达尔戈州，现多地有栽培。

形态特征 叶倒卵形，叶色淡紫或灰绿色，因状似莲花，故名"石莲"，形似风车，故又名"风车草"。花五星形，白色，盛开期为3~4月。

生长习性 适应力很强，对环境要求不严格。喜全光照、通风环境，耐干旱，忌阴湿，但若长期缺水会造成叶片干瘪，充分浇水后即可恢复，光照不足易徒长。

栽培管理 春、夏季为其生长季节，每周浇1~2次水即可，秋、冬季应根据栽培环境温度掌握浇水量，15℃以上时可每两周浇次水，10℃以下时应保持盆土干燥，基本停止浇水。

繁殖方法 极易繁殖，叶片掉落即生新植株，容易自行分株。生长季节可结合整枝修剪进行枝插，也可叶插，叶插时所用的培养土不要太湿，否则叶片易化水腐烂。

银星

景观用途

可作为观赏性的
园艺品种。

别名： 无。

科属： 景天科风车草属与石莲花属的杂交种。

产地分布： 原产于南非，现多地有栽培。

形态特征 多年生肉质植物，莲座状叶盘较大，株幅可达10厘米。老株易丛生。叶长卵形，较厚，叶面青绿色略带红褐色，有光泽，叶尖非常特殊，有1厘米长，褐色。

生长习性 喜温暖干燥和阳光充足环境。不耐寒，耐干旱和半阴，怕强光暴晒和水湿。土壤以肥沃、疏松和排水性良好的沙质壤土为宜。

栽培管理 喜温暖干燥和阳光充足环境。不耐寒，耐干旱和半阴，怕强光暴晒和水湿。土壤以肥沃、疏松和排水性良好的沙质壤土为宜。

繁殖方法 扦插全年均可进行，以春、秋季为好。插穗可用叶盘顶部，插入沙床，适温20~24℃，插后15~20天生根。也可用叶片，切下基部成熟的肉质叶，待切口晾干后，平卧后斜插于沙床，插壤保持稍湿润，一般插后10天左右，可从叶基部长出不定根和小植株。

子持年华

景观用途

叶形叶色较美，可盆栽观赏。

别名：子持莲华。

科属：景天科瓦松属。

产地分布：原产于日本，现多地有栽培。

形态特征 肉质植物，高6厘米，多数叶聚生成莲座状，群生，有匍匐走茎放射状蔓生，落地产生新株。叶倒卵形，先端尖，绿色。伞房花序顶生，花瓣白色。

生长习性 性强健，喜光照。

栽培管理 冬季会紧缩成玫瑰状休眠，比较耐寒，如无降霜或冰冻可室外过冬。温度回暖后叶片逐渐展开为莲花状，夏季为生长旺盛季节，需注意避免强烈的日照，但光照太弱时会徒长。生长速度较快，1株在1年可繁殖10倍数量。

繁殖方法 在园艺培养中一般可以将侧芽剪下，进行分株，插入土壤中即可。要注意尽量选择已经生根的侧芽，这样成功率更大一些。未生根的侧芽剪下后会因营养供给不足而干枯死亡。也可采用开花授粉播种的自然繁殖方法，但较慢。

Part 4
其他科多肉植物

玉扇

景观用途

玉扇奇特的株型，肥厚的叶片，漂亮多变的透明纹理，放置于书桌、窗台等狭小空间来观赏相当不错。

别名：截形十二卷。

科属：百合科十二卷属。

产地分布：原产于非洲南部。

形态特征 植株无茎，肉质叶排成两列呈扇形，叶片直立，稍向内弯，顶部略凹陷。表面粗糙，绿色至暗绿褐色，有小疣状突起，新叶的截面部分透明，呈灰白色。有些品种叶片截面上还有灰白色透明状花纹。

生长习性 喜温暖干燥和充足而柔和的光线。耐干旱和半阴，忌潮湿，不耐寒，也不耐高温和强光直射。

栽培管理 夏季高温时，植株会呈现休眠状态，此时生长缓慢或完全停滞，可放在通风凉爽处，给予适当遮阴，减少浇水次数和数量，可防止因闷热、潮湿引起植株腐烂。

繁殖方法 可分株、叶插繁殖。一般分株法，大部分都于春季换盆时一起进行，将母株旁分生的幼株取下，晾干1~2天后，另行栽种于其他盆中，新种的小苗不必马上浇水，待约一周，伤口干燥后，可适量地浇些水。叶插于生长期时，剪取基部带有些许木质化的健壮肉质叶，晾干2~3天后，插入珍蛛石和蛭石混合的介质中，上覆塑料布，来保持湿气，约3周至5周会生根。

条纹十二卷

别名： 锦鸡尾。

科属： 百合科十二卷属。

产地分布： 原产于非洲西南部地区。

其植株玲珑可爱，叶片典雅清秀，常作小型观叶植物栽培。用其制作盆景，把单纯的观叶：改为"赏景"，增加了人与自然的亲和力，其风格刚劲粗犷，颇具非洲沙漠风情。

形态特征 多年生肉质草本。株高10~20厘米。叶密生呈莲座状，三角状披针形，灰白色，薄肉质。总状花序，蒴果，花期5~6月。

生长习性 喜光照，耐半阴环境，不能长期置于荫蔽处，否则不但生长受到抑制，条纹也会逐渐变得暗淡。

栽培管理 季需要以半阴环境养护，避开强烈的光照，以防灼伤。冬季则需要充足的光照条件，光线不足易造成叶片退化、缩小，严重影响正常的生长。

繁殖方法 常采用分株繁殖，分株时间最好是在早春土壤解冻后进行。将母株从花盆内取出，抖掉多余的盆土，把盘结在一起的根系尽可能地分开，用锋利的小刀把它剖开成两株或两株以上，分出来的每一株都要带有相当的根系，并对其叶片进行适当地修剪，以利于成活。

九轮塔

景观用途

家庭居室内陈设，装饰案头、阳台。

别名：霜百合。

科属：百合科十二卷属。

产地分布：原产于西南非洲。

形态特征 多年生常绿多肉草本。茎轴极短，不向高处生长。叶片肥厚，先端向内侧弯曲，呈轮状抱茎，整个植株呈柱状，叶面白粒成行排列。多为深绿色，光照充足时慢慢变成紫红色。

生长习性 喜阳光，不耐阴，不耐高温酷热，不耐寒。要求排水良好和富含腐殖质的沙壤土，较耐旱。

栽培管理 盆土保持湿润，不干不浇。夏季适当遮阴，每年追肥2~3次。冬季越冬温度不低于5℃。因生长缓慢，盆土不必年年换。

繁殖方法 采叶腋或茎轴基部长出的小侧枝扦插。5月扦插，10天可生根。均用小盆栽植，用腐叶土加河沙作培养土。

玉露

景观用途

玉露植株玲珑小巧，种类丰富，叶色晶莹剔透，富于变化，如同有生命的工艺品，非常可爱，多用来盆栽欣赏。

别名：玉章。

科属：百合科十二卷属。

产地分布：原产于南非，现多地有栽培。

形态特征 多年生肉质草本植物，植株初为单生，以后逐渐呈群生状。肉质叶呈紧凑的莲座状排列，叶片肥厚饱满，翠绿色，上半段呈透明或半透明状，称为"窗"，有深色的线状脉纹，在阳光较为充足的条件下，其脉纹为褐色，叶顶端有细小的"须"。松散的总状花序，小花白色。

生长习性 喜凉爽的半阴环境，主要生长期在春、秋季节，耐干旱，不耐寒，忌高温潮湿和烈日暴晒，怕荫蔽，也怕土壤积水。

栽培管理 生长期浇水掌握"不干不浇，浇则浇透"，避免积水，更不能雨淋，尤其是不能长期雨淋，这些都是为了避免烂根。但也不宜长期干旱，否则植株虽然不会死亡，但叶片干瘪，叶色黯淡，缺乏生机。玉露喜欢有一定空气湿度的环境，空气干燥时可经常向植株及周围环境喷水，以增加空气湿度。

繁殖方法 可结合换盆进行分株，也可在生长季节挖取母株旁边的幼株直接栽种。也可在生长季节选择健壮充实的肉质叶进行叶插。播种也是玉露的繁殖方法之一，但要通过人工授粉才能获得种子。

姬玉露

景观用途

迷你可爱，适合迷你组合栽培。

别名：无。

科属：百合科十二卷属。

产地分布：原产于南非，现世界多地可栽培。

形态特征 姬玉露为玉露的众多品种之一，有玉露的一般特征，如肉质叶呈紧凑的莲座状排列，叶片肥厚饱满，翠绿色，上半段呈透明或半透明状。姬玉露株型较小，直径约为3~4厘米，容易出侧芽，易长成很大的群生植株。叶缘没有毛刺，顶端有1根长毛。

生长习性 喜凉爽的半阴环境，耐干旱，不耐寒，忌高温潮湿和烈日暴晒，怕荫蔽，怕土壤积水。主要生长期在较为凉爽的春秋季节。

栽培管理 夏季高温时植株呈休眠或半休眠状态，生长缓慢或完全停滞，可将其放在通风、凉爽、干燥处养护，并避免烈日暴晒和长期雨淋，也不要浇过多水，停止施肥，等秋凉后再恢复正常管理。将之放置在半阴处，会使叶片肥厚饱满，透明度高，因此，5~9月可加一层遮阳网，10月至翌年4月要去掉遮阳网，给予全光照。

繁殖方法 可结合换盆进行分株，也可在生长季节挖取母株旁边的幼株，有根、无根都能成活，有根的直接栽种，无根的苗要晾2~3天，等伤口干燥后再种植，新栽的植株浇水不宜过多，以免引起腐烂，等长出新根后再进行正常的管理。也可在生长季节选择健壮充实的肉质叶进行叶插，插后保持盆土稍湿润，很容易在基部生根，并长出小芽，等小芽稍大些再另行栽种即可。

子宝

别名： 元宝花。

科属： 百合科鲨鱼掌属。

产地分布： 原产于南非，现多地有栽培。

形态特征 叶肉质较厚，像舌头，叶面光滑，带有白色斑点，或有条纹状锦斑。叶面 2~5 厘米长，1~2.5厘米宽，暴晒后叶面呈红色。子宝叶片美丽，有带锦与不带锦的，普通的为全绿，不带锦；两种颜色以上为带锦，称子宝锦，颜色不一，各有特色。花杆由叶舌根部伸出，花较小，大多为红绿色。一般为冬季至春季为开花旺季。

生长习性 喜半阴、通风良好的环境，较耐寒，喜疏松肥沃、排水良好的沙质土壤。

栽培管理 适宜放在有明亮散射光的通风的环境，浇水时注意不干不浇，浇则浇透，冬季更要控制水分，多浇水则容易烂根。

繁殖方法 子宝生长虽然缓慢，但其基部常萌生许多小芽，因此繁殖多为分株，也可播种，比较容易繁殖。

卧牛锦

景观用途

一般家庭也可用小型工艺盆栽种，装饰几案、窗台等处，清新高雅，如同有生命的工艺品，颇为别致。

别名： 无。

科属： 百合科鲨鱼掌属。

产地分布： 原产于南非，现多地有栽培。

形态特征 多年生肉质草本植物卧牛的斑锦变异品种。原种卧牛植株无茎或仅有短茎，具粗壮的肉质根，幼株叶两列叠生，成年后随着叶片的增多叶片逐渐排列成6~10厘米的莲座状。肉质叶肥厚，叶质坚硬，呈舌状，先端有小尖，叶背先端有明显的龙骨突，叶长3~7厘米，宽3~4.5厘米，厚约1厘米。叶表绿色或墨绿色，稍有光泽，密布小疣突，使叶片显得较为粗糙。总状花序，花葶高20~30厘米，小花下垂。

生长习性 宜温暖干燥的环境，适合在充足而柔和的阳光中生长。不耐寒，怕水涝，耐干旱和半阴，烈日暴晒和过于荫蔽都不利于植株的正常生长。

栽培管理 春、秋季节为植株的生长旺盛期，给予充足的光照。夏季高温时植株基本停止生长，可放在通风良好的半阴处，以免因强光暴晒使叶色泛红，甚至灼伤叶片，并节制浇水。冬季放在室内阳光充足处，保持盆土稍湿润，维持5~10℃。每2~3年换盆1次。

繁殖方法 可结合春季换盆进行分株，将母株旁萌生的幼株取下，另行栽种即可，有时这些幼株的叶片会不带黄色斑纹，栽种后注意培养，可能会在新叶上长出黄色斑锦，但也可能长成叶片呈绿色的普通卧牛。也可用播种法繁殖，在4~5月进行，发芽适温18~21℃，播后两周内出苗，

幼苗中卧牛、卧牛锦都有，应注意观察，一旦发现卧牛锦幼株，即可取出另外栽种，加以培养。

中华芦荟

景观用途

中华芦荟叶色翠绿、花色艳丽，是花叶并赏的观赏植物，可点缀书桌、几架及窗台。

别名： 中国芦荟，唐芦荟，芦荟，油葱等。
科属： 百合科芦荟属。
产地分布： 福建、广东、广西、云 南、四川、台湾等省。

形态特征 中华芦荟是库拉索芦荟的变种，为常绿多肉质的草本植物。中华芦荟茎短，叶近簇生，幼苗叶成两列，叶面叶背都有白色斑点。叶子长成后，白斑不褪。叶子长约35厘米，宽5~6厘米，植株形似翠叶芦荟。植株全高约80厘米。叶近2列簇生，线状披针形，有黄斑，肉质多汁。长15~35厘米。边缘有刺状小齿。花葶高达70厘米总状花序有花数10朵，花黄绿色，有红斑，花期夏秋。

生长习性 喜阳光充足，但也耐半阴，喜干燥环境，要求排水良好的沙质壤土。

栽培管理 怕积水，在阴雨潮湿的季节或排水不好的情况下很容易发生叶片萎缩、枝根腐烂的情况，所以应避免雨淋。它需要充足的光照，但初植的中华芦荟不宜晒太阳，宜在早晚见光。

繁殖方法 这种芦荟分蘖能力较强，也有很强的适应性，可将叶端的不定芽取下栽植即可成株，亦可扦插繁殖。

木立芦荟

景观用途

木立芦荟为芦荟中的大型品种，野外环境下，最高可长至6米。温室以内，最高亦可长到2~3米，具有很好的观赏价值。也可药用及食用。

别名：树芦荟。

科属：百合科芦荟属。

产地分布：原产南非，我国有栽培。

形态特征 多年生常绿肉质草本，茎常木质化。单叶围肉质茎呈莲座状簇生，长片长披针形，叶缘具刺，绿色。花桔红色，总状花序或伞形花序；花被圆筒状，有时稍弯曲；通常外轮3枚花被片合生至中部；雄蕊6根，着生于基部；花丝较长，花药背着；花柱细长，柱头小。蒴果具多数种子。

生长习性 耐干旱，怕水涝，土壤过湿容易烂根，生长速度一般，冬季较耐寒冷。

栽培管理 浇水时沿盆器边缘轻轻喷洒，保持培养土湿润，不积水。种植木立芦荟时需要施肥，肥料以有机肥为好，如花生麸饼，施肥前先用水充分泡开发酵，再用水稀释后浇施。

繁殖方法 这种芦荟分蘖能力较强，有很强的适应性，可将叶端的不定芽取下栽植即可成株，亦可扦插繁殖。

翡翠殿

别名： 花芦荟。

科属： 百合科芦荟属。

产地分布： 原产于南非。

景观用途

翡翠殿小巧秀气，且栽培容易，因此而成为近年来迅速普及的芦荟属新种，可供一般家庭栽培，但药用价值不大。

形态特征 株高30~40厘米，株幅20厘米。叶片互生，旋列于茎顶，叶螺旋状互生，茎顶部排列成较紧密的莲座叶盘，叶三角形，表面凹背面圆凸，先端急尖，淡绿色至黄绿色，光线过强时呈褐绿色。叶缘有白色的白齿，叶面和叶背都有不规则形状的白色星点，时而连合成线状。夏季开花，松散的总状花序，长达25厘米，花小，橙黄至橙红色，带绿尖。三裂蒴果小，形状奇特。

生长习性 喜柔和光照，冬季保持5℃以上即可安全越冬。

栽培管理 宜用园土混些草木灰作培养土，春到秋可充分浇水并保持半阴的环境，在强光照射下叶尖会发红。春季换盆时应剪除过长须根。

繁殖方法 分蘗能力强，取下侧芽扦插繁殖。

琉璃殿

| 景观用途 | 以其独特的叶盘排列和琉璃瓦般的横生疣突为观赏点，配上精致的容器装饰，即可装点家居小环境。 |

别名： 旋叶鹰爪草。

科属： 百合科十二卷属。

产地分布： 原产于南非德兰士瓦省，现世界多地有栽培。

形态特征 有莲座状的叶盘，叶片深绿色，有20枚左右，如风车般向同一方向偏转，故亦称旋叶鹰爪草。叶片为三角形，末端急尖，叶片正面凹背面凸，有明显的龙骨突。叶片背面有许多小横条凸起，就像一排排的琉璃瓦。花白色，有绿色中脉。

生长习性 喜温暖干燥和阳光充足的环境，耐干旱，耐半阴，不耐水湿和强光暴晒，在18~24℃的温度下生长良好，喜疏松肥沃的土壤。

栽培管理 栽培中以充足明亮的散射光为佳，注意不要在强光下暴晒，否则叶色会发红，培养土要求保水性好而不能过于黏重，水分不能忽多忽少。

繁殖方法 常用分株和叶插方法繁殖。全年都可进行分株繁殖，通常是在4~5月换盆时，将母株侧边分生出来的小株剥离，然后直接盆栽。也可在5~6月进行叶插，用小刀将叶片轻轻切下，基部带上木质化部分，插在砂盆上，20~25天即可生根。

稀宝

景观用途

本种细长的蔓生茎茂盛又清雅，用于温室布置沙床边缘或吊挂栽培别有情趣。开花大而多，给秋天的多肉植物温室带来不少生机。居室布置窗台及阳台也相当适宜。

别名： 无。

科属： 番杏科仙宝属。

产地分布： 原产于南非开普省。

形态特征 肉质亚灌木，株高20厘米，具细长无毛的茎。对生叶棒状，排列较稀，长1~1.5厘米、直径0.5~0.6厘米，淡绿色，叶表面密布透明小点(实为贮水大细胞)，叶顶端有5~10根白色或褐色的刚毛。花很大，淡紫色。

生长习性 为"冬种型"植物，在冷凉环境下生长良好。

栽培管理 夏天休眠虽不太明显，但高温时过度潮湿也会引起枝叶腐烂。夏季放置在遮阳处养护，并减少浇水。春秋冷凉季节可正常养护。

繁殖方法 栽培容易，扦插繁殖为主。老株宜更新，否则枝条零乱、开花稀少。

松叶菊

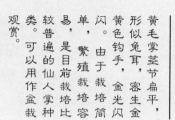

景观用途 黄毛掌茎节扁平，形似兔耳，密生金黄色钩手，金光闪闪。由于栽培简单，繁殖栽培容易，是目前栽培比较普遍的仙人掌种类。可以用作盆栽观赏。

别名： 龙须海棠，松叶牡丹等。

科属： 番杏科日中花属。

产地分布： 原产于非洲南部。

形态特征 多年生亚灌木壮多肉植物，茎细长，平卧或悬垂生长，基部稍呈木质化。分枝多而上升，呈红褐色，肥厚多汁的叶子对生，呈三棱状，线形，蓝绿色，挺直像松叶。单花腋生，形似菊花，花瓣窄条形，具光泽，直径5~7厘米，色彩丰富，有白、粉、红、黄和橙等多种颜色，4~5月开花。

生长习性 喜温暖、干燥、通风好的环境，最低温度以10度左右为宜，不耐炎热。

栽培管理 生长期不宜过分潮湿。除热天外，需要较好的光照。除夏季稍加遮阴外，其他季节都要给予充足的光照，若光照不足，则节间距离伸长，茎叶柔软，很容易倒伏。盛夏高温时植株处于半休眠状态，应放在通风凉爽处养护，停止施肥，控制浇水量，防止因高温潮湿引起的根部腐烂。越冬温度不可低于10℃，也一定要停止施肥，减少浇水，维持叶片不皱缩即可。

繁殖方法 用扦插繁殖扦插成活的苗，可以3株共栽于一个宽8厘米的蛋壳盆中。

生石花

生石花小巧玲珑。形态奇特，似晶莹的宝石闪烁着光彩，在国际上享有"活的宝石"之美称，适宜作室内小型盆栽花卉。

别名： 石头花，曲玉。

科属： 番杏科生石花属。

产地分布： 原产于非洲南部。

形态特征 多年生常绿多肉多浆植物。茎短，两片叶肥厚对生，密接成缝状，形成半圆形或倒圆锥形的球体，灰绿色，成熟时自其顶部裂缝分成两个短而扁平或膨大的裂片，花从裂缝中央抽生，花大，单独座生，黄色，午后开放，花期4~6月。

生长习性 喜阳光，耐高温，但需通风良好，否则容易烂根。忌涝。

栽培管理 苗期忌过度潮湿。夏季高温时休眠或半休眠，应稍遮阴并节制浇水。冬季温度需保持8~10℃。

繁殖方法 多用播种繁殖，宜春播。播后10~20天可出苗。

心叶冰花

别名： 牡丹吊兰，露草，花蔓草等。
科属： 番杏科露草属。
产地分布： 原产于南非。

形态特征 多年生常绿蔓性肉质草本。枝长20厘米左右，叶对生，肉质肥厚、鲜亮青翠。枝条有棱角，伸长后呈半葡匐状。枝条顶端开花，花后分叉出枝。花深玫瑰红色，中心淡黄，形似菊花，瓣狭小，具有光泽，自春至秋陆续开放。

生长习性 喜阳光，宜干燥、通风环境。忌高温多湿，喜排水良好的沙质土壤。

栽培管理 心叶冰花对肥水要求不高。一般3~9月是心叶冰花的生长旺期，这期间需水量较大。9月过后，心叶冰花就进入生长缓慢期，此时要逐渐减少浇水量，为挪入室内过冬做准备。

繁殖方法 扦插繁殖，春秋时进行，极易成活。

红怒涛

别名：无。

科属：番杏科肉黄菊属。

产地分布：原产于南非小卡鲁高原的石灰岩地区。

景观用途

红怒涛是荒波的栽培品种，形态虽大同小异，但肉质突起的形状和大小富于变化。可供家庭盆栽欣赏，是肉黄菊属中形态最富于变化、最奇特的，作为小型盆的点缀书桌、几架浪合适。

形态特征 植株小型，非常肉质。交互对生的肉质叶长三角形，先端呈菱形，表面平、背面圆凸，先端有龙骨状突起。与原种荒波不同的是叶深绿色中带红色，叶表面中央不只是有几个星散的肉齿，而是连结成线状或块状的肉质突起，形状不规则。叶缘和原种一样具肉齿，肉齿先端有白色纤毛。秋天开4厘米大的黄花。

生长习性 喜温暖干燥和阳光充足环境，不耐寒，耐半阴和干旱，怕水湿和强光暴晒，夏天有轻微休眠。

栽培管理 冷凉季节生长，盛夏高温有短期休眠，这时宜遮荫节水。冬季必须充分见光，并保持10℃以上，春秋两季的光线可根据情况调节。

繁殖方法 采用分株或播种的方法繁殖。

鹿角海棠

景观用途

盆栽适用于冬季室内观赏，亦可作悬挂吊盆栽培，更显生机盎然，呈现节日气氛。

别名： 熏波菊。

科属： 番杏科鹿角海棠属。

产地分布： 原产于非洲西南部。

形态特征 鹿角海棠植株不高，分枝多呈匍匐状。叶片肉质具三棱，非常特殊。冬季开花，有白、红和淡紫色等颜色。

生长习性 喜温暖干燥和阳光充足环境，不耐寒，耐干旱，要求肥沃、疏松的沙壤土。

栽培管理 春季生长期以保持盆土不干燥为准，多在地面喷水，保持一定的空气湿度。夏季，鹿角海棠呈半休眠状态，可放半阴处养护，保持盆土不过分干燥。秋后，鹿角海棠开始继续生长，每半月施肥1次。临冬茎叶生长进入旺盛期，并开始开花。冬季室温保持在15~20℃时，开花不断。

繁殖方法 常用播种和扦插繁殖。播种，4~5月采用室内盆播，播后10天左右发芽，幼苗根细而浅，需谨慎浇水。1个月后移苗。扦插，以春、秋季进行为好，选取充实茎节，剪成8~10厘米，插于沙床，约15~20天可生根。根长2~3厘米时可栽盆。盆栽2~3年后，需重新扦插更新。

碧玉莲

景观用途

可盆栽欣赏。

别名： 无。

科属： 番杏科碧玉莲属。

产地分布： 原产于热带及亚热带地区，我国南方引种栽培。

形态特征 为多年生常绿草本植物。株高2~5厘米，茎圆，分枝，淡绿色带紫红色斑纹，叶子短，表层有明显纹路，被粉。易与鹿角海棠混淆，区别在于碧玉莲的叶片很小。

生长习性 喜温暖湿润的半阴环境。生长适温25℃左右，最低不可低于10℃，不耐高温，要求较高的空气湿度，忌阳光直射；喜疏松肥沃，排水良好的湿润土壤。

栽培管理 夏季炎热时，做遮阳和喷水降温处理，冬季置于阳光充足的地方养护，并节制浇水。春、秋季节要充分浇水。每2~3年换盆1次。

繁殖方法 多用扦插和分株法繁殖。扦插时在4~5月选取健壮的顶端枝条为插穗，上部保留1~2枚叶片，待伤口晾干后，插入湿润的培养土中。也可切取带叶柄的叶片叶插，10~15天生根。分株繁殖法多用于彩叶品种的繁殖。

五十铃玉

景观用途 株形非常奇特，开花美丽，为室内小型盆栽佳品。

别名： 橙黄棒叶花。

科属： 番杏科棒叶花属。

产地分布： 原产于南非和纳米比亚等地。

形态特征 肉质，密集成丛，株丛直径10厘米，根很细。肉质叶棍棒状几乎垂直生长，但在光线不足时会横卧并排列稀松。叶长2~3厘米，直径0.6~0.8厘米，顶端增粗、扁平但不成截形而是稍圆凸。叶色淡绿，基部稍呈红色，叶顶部有透明的"窗"。花大3.7厘米、长4~5厘米，橙黄带点粉色。

生长习性 喜阳光充足，耐干旱。

栽培管理 生长期可适当浇水。夏季应节制浇水，冬季如不能维持10℃以上也要停止浇水。种植盆宜小。

繁殖方法 播种繁殖或分株繁殖。

快刀乱麻

别名： 无。

科属： 番杏科快刀乱麻属。

产地分布： 原产于南非开普省。

景观用途

快刀乱麻叶形奇特，又是一个属的代表种，植物园应收集栽培。也可供部分爱好者种植玩赏。

形态特征 肉质灌木，株高20~30厘米，茎有短节，分枝多。叶集中在分枝顶端，对生，细长而侧扁，先端两裂，外侧圆弧状，好似一把刀。淡绿至灰绿色。花大4厘米，黄色。

生长习性 宜阳光充足和温暖、干燥的环境，但也耐半阴和干旱，忌水涝。

栽培管理 夏季有短暂休眠，应适当遮阴，节制浇水，加强通风。冬季放在室内阳光充足处养护，保持盆土适度干燥，10℃左右即可安全越冬。

繁殖方法 快刀乱麻在番杏科中属于中等肉质的灌木，但栽培较同类型灌木状种类要困难。早春扦插成活的新株抵抗力比老株强，所以要不断繁殖更新植株。

多肉植物养护指南

金玉菊

景观用途 株形美观，端庄大方，是室内装饰的理想种类。

别名：白金菊。

科属：菊科千里光属。

产地分布：原产于非洲南部。

形态特征 为菊科千里光属多年生常绿草本植物。植株匍匐或攀援向上生长，茎圆，红褐色，肉质，长约2米；叶互生，近似于三角形，肉质，有光泽，质厚而脆，很容易折断，叶色深绿，有不规则的黄色斑纹。小花，乳白色，有黄心。

生长习性 喜干燥，耐干旱，怕积水。

栽培管理 生长季节浇水以"不干不浇，浇则浇透"为原则。夏季控制浇水。冬季放在室内阳光充足的地方，如果最低温度在10℃左右，并有一定的昼夜温差，可正常浇水、施肥；如果保持不了该温度，应节制浇水，使植株休眠，也能耐5℃的低温。每年的春季或秋季翻盆一次，翻盆时剪除烂根，用新的培养土栽种。

繁殖方法 可在生长季节进行扦插，插穗长短要求不严，但要有3~5节，剪去下部的叶片，插于沙土或蛭石中，保持稍有湿润，避免积水，很容易生根。

珍珠吊兰

景观用途 叶形叶色较美，有一定的观赏价值，所以常用于室内绿化种植，是家庭悬吊栽培的理想花卉。

别名： 翡翠珠，情人泪，佛串珠等。

科属： 菊科千里光属。

产地分布： 原产于非洲南部，现多地有栽培。

`形态特征` 叶互生，生长较疏，圆心形，深绿色，肥厚多汁，似珠子，故有"佛串珠""佛珠""绿葡萄""绿之铃"之美称。还有人称它为"佛珠吊兰""情人泪"。它的茎纤细，头状花序，顶生，长3~4厘米，呈弯钩形，花白色或褐色，花蕾是红色的细条。

`生长习性` 喜温暖湿润、半阴的环境。它适应性强，较耐旱、耐寒。喜富含有机质的、疏松肥沃的土壤。

`栽培管理` 置于阴凉通风处，并注意保持环境湿度。如放置地点光线过强或不足，叶片就容易变成淡绿色或黄绿色，缺乏生气，失去应有的观赏价值，甚至干枯而死；如阳光直射，空气干燥，最容易引起吊兰枯焦。

`繁殖方法` 可扦插繁殖。枝蔓极易生气生根，可于春秋剪下几节，一半埋入沙子或疏松的土中，保持湿润但不积水，很快就会生根以供栽植（春秋季约半月，而冬夏则不易生根，遇盆株不够均匀丰满却生长过长的情况时，就可以采用这种措施予以弥补）。

火殃勒

景观用途 可作为园林绿篱，也有药用价值。

别名： 金刚树，龙骨树，肉麒麟等。

科属： 大戟科大戟属。

产地分布： 原产于印度，我国南北方均有栽培。

形态特征 肉质灌木状小乔木，乳汁丰富。茎常三棱状，偶有四棱状并存，高3~5米，直径5~7厘米，上部多分枝；棱脊3条，薄而隆起，高达1~2厘米，厚3~5毫米，边缘具明显的三角状齿，齿间距离约1厘米；髓三棱状，糠质。叶互生于齿尖，少而稀疏，常生于嫩枝顶部，倒卵形或倒卵状长圆形，长2~5厘米，宽1~2厘米，顶端圆，基部渐狭，全缘，两面无毛；叶脉不明显，肉质；叶柄极短；托叶刺状，长2~5毫米，宿存；苞叶2枚，下部结合，紧贴花序，膜质，与花序近等大。花序单生于叶腋，基部具2~3毫米短柄。

生长习性 不耐寒，但耐旱，喜干燥壤土。

栽培管理 其对于干旱有一定的忍耐能力，浇水要适量，长期处于湿润状态会引起烂根。在室内摆设时，应尽量放在靠近日光的窗边。在夏天要置于适度遮阴下培育，其他时间可让其多见阳光。冬季最低可耐5℃的低温。

繁殖方法 采用扦插法，于5~9月间剪取母株顶端5~6厘米作插穗，在阴凉处晾干一周，待切口充分干燥后再行扦插，容易生根。龙骨为多浆植物，扦插时剪下会流出浆液，可用草木灰封闭，放凉处7~10天，待植株萎缩后再扦插。

玉麒麟

景观用途

可庭院栽植或盆栽欣赏。

别名： 麒麟掌，麒麟勒等。

科属： 大戟科霸王鞭变种。

产地分布： 原产于印度东部干旱、炎热、阳光充足的地区，现多地有栽培。

形态特征 具有翠绿而美丽的叶片，茎叶均具肉质，株形优雅，酷似我国古代传说中的麒麟，故得名玉麒麟。肉质变态茎呈不规则的掌状扇形，嫩时绿色，老时黄褐色并木质化，变态茎顶端及边缘密生肉质叶。

生长习性 喜阳光充足，但又耐半阴，耐寒，喜排水良好的沙壤土。

栽培管理 夏季和秋季是玉麒麟的生长旺季，它喜阳光，但也怕烈日暴晒，在强光下叶子会变黄，因此需适当遮阳。浇水宜少不宜多，避免培养土过湿，也要防雨淋。冬季温度保持在15℃时可安全越冬，低于12℃时植株休眠，此时应节制浇水，保持培养土干燥。

繁殖方法 一般用扦插法繁殖，在4~10月期间均可扦插。扦插时间，应选晴天的上午为好。 切割生长壮实的变态茎一块，凉置3~4天，待伤口干缩后，可插入干净河沙2~3厘米左右，先不浇水，过2天后喷水，保持盆土潮润，一个月左右可生根，然后移栽上盆。

霸王鞭

景观用途

可盆栽观赏，也可作为园林装饰植被。

别名：无。

科属：大戟科大戟属。

产地分布：广泛分布于广西、云南、四川等地，印度北部、巴基斯坦等国也有分布。

形态特征 乔木状，茎干肉质、粗壮，具5棱，后变圆形。分枝螺旋状轮生，浅绿色，后变灰，具黑刺。叶片多浆，革质，倒卵形，基部渐狭，浅绿色。全株含有白色剧毒乳汁，若误食会中毒；溅入眼中可致失明。

生长习性 喜光，喜温暖气候，甚耐干旱。畏寒，温度偏低时常落叶。不耐寒，耐高温。宜排水良好、疏松的沙壤土。

栽培管理 冬季宜置于向阳房间，温度维持10~12℃以上，节制浇水，保持盆土稍干燥。开春后随温度升高，可逐渐增加浇水。天暖后可放到阳台或院子里，但仍应节制浇水。

繁殖方法 易繁殖，可在5~6月间剪取生长充实的茎段扦插。剪口有白色乳汁流出，可涂草木灰并晾晒数日；等剪口稍干后，插于素沙土中。插后放半阴处，不浇水，稍喷雾，保持盆土湿润。在20~25℃的条件下，40~50天可生根。

红龙骨

别名： 彩云阁，三角霸王鞭。

科属： 大戟科大戟属。

产地分布： 原产于纳米比亚，现多地有栽培。

形态特征 肉质灌木或小乔木。全株含白色乳汁，有毒。分枝直立状，常密集成丛生长，具3~4棱，暗绿色至灰绿色。叶片匙形。叶基两侧各生一尖刺。夏秋季开花，花为单性。

生长习性 喜充足太阳光照，不耐寒，但耐旱，喜干燥壤土。

栽培管理 仅在光线不足或营养生长特别旺盛时，暗红的色彩会带有绿色，所以应给予充足的光照，并控制氮肥的使用量，同时增施磷、钾肥。另外，红龙骨的生长速度明显比原种慢。栽培相当简便，除冬季最好维持5℃以上外，其他无特殊要求。春到秋可以充分浇水并施肥，也可直接在露地栽培。

繁殖方法 多用扦插方法繁殖，扦插时剪下会流出浆液，可用草木灰涂抹，放阴凉处7~10天，待植株萎缩后再扦插。

虎刺梅

景观用途

可供园林栽培，有一定毒性，勿摆放在室内。

别名： 铁海棠，麒麟刺，麒麟花等。

科属： 大戟科大戟属。

产地分布： 原产于马达加斯加，现多地有栽培。

形态特征 茎稍攀缘性，分枝，可长达2米余。茎上有灰色粗刺，叶卵形，老叶脱落。花小，成对著生成小簇，各花簇又聚成二歧聚伞花序。外侧有两枚淡红色苞片，花小。苞片有黄色，也有深红色。

生长习性 喜温暖、湿润和阳光充足的环境。稍耐阴，耐高温，较耐旱，不耐寒。以疏松、排水良好的腐叶土为最好。

栽培管理 怕高温闷热，在夏季酷暑气温33℃以上时进入休眠状态。忌寒冷霜冻，越冬温度需要保持在10℃以上，在冬季气温降到4℃以下也进入休眠状态。夏季放置于半阴处，加强通风，适当喷雾。冬季放置在有充足光照的环境，适当保温。春季和秋季是其生长季节，放置于充足太阳光照的地方养护，浇水施肥时避免把植株弄湿。

繁殖方法 采用扦插的方法繁殖。在早春或晚秋季节，剪下带有3~4个叶节的茎秆，待伤口晾干后插入培养土中，稍加喷湿，很快就能生根发芽。

将军阁

别名： 无。

科属： 大戟科翡翠塔属。

产地分布： 原产于东非，肯尼亚。

形态特征 分枝的肉质茎最初呈圆球状，以后逐渐呈高约40厘米的圆柱状，其表面布满瘤状凸起。叶椭圆形，稍具肉质，正面深绿色，有明显的灰白色脉纹，叶背颜色稍浅。花淡粉红色。

生长习性 宜温暖干燥和阳光充足的环境，耐干旱和半阴，不耐寒，忌阴湿。

栽培管理 主要生长期为春秋季节，浇水"干透浇透"，避免盆土长期积水，否则会引起腐烂，空气干燥时注意向植株喷水，以使其色泽鲜亮，充满生机。夏季植株虽不休眠，但生长缓慢，应加强通风，适当遮光，以防烈日曝晒，也不要浇太多的水。冬季放在室内阳光充足处,保持盆土适度干燥，5℃以上可安全越冬。

繁殖方法 可用扦插方法繁殖，在生长季节剪取健壮而充实的肉质茎，晾1~2天后在沙土中进行扦插，插后保持土壤稍有潮气，很容易生根。除扦插外，为加快生长速度，还可用大戟科大戟属的帝锦、霸王鞭等作砧木，以平接的方法进行嫁接，效果很好。

姬凤梨

别名： 蟹叶姬凤梨。

科属： 凤梨科姬凤梨属。

产地分布： 原产于南美热带地区，南北方均盆栽。

形态特征 多年生常绿草本植物，株高仅5~6厘米，从根茎上密集丛生，水平伸展呈莲座状，叶片坚硬，边缘呈波状，且具有软刺，叶片呈条带形，先端渐尖。花两性，白色，雌雄同株，花期6月。

生长习性 喜高温、高湿、半阴的环境，怕阳光直射，怕积水，不耐旱，要求疏松、肥沃、腐殖质丰富、通气良好的沙性土壤。

栽培管理 放置在半阴的环境养护，生长期充分浇水并适当喷雾，保持较高的空气湿度，但不宜积水。最适宜的生长温度为18~30℃。姬凤梨在栽培3~5年后，生机会逐渐衰退，生长不旺，甚至枯萎，要不断进行淘汰更新，以保持其生长活力。

繁殖方法 采用播种法、扦插法和分株法繁殖。其中分株法是最主要的繁殖方法，结合春季换盆时进行，将母株分生的小株掰下后种植即可。

金钱木

景观用途

叶形叶色较美，可盆栽观赏。

别名： 无。

科属： 马齿苋科马齿苋属。

产地分布： 原产于非洲东部的坦桑尼亚。

形态特征 株高50~80厘米，地下有肥大的块状茎，直径5~8厘米；地上部分无主茎，羽状复叶自块茎顶端抽生，每个叶轴有对生或近似对生的小叶6~10对，叶片卵形，厚革质，绿色，有金属光泽。佛焰花苞绿色，船形，肉穗花序较短。

生长习性 喜温暖湿润的半阴环境，耐干旱，忌烈日暴晒，稍耐阴，怕寒冷和盆土积水。

栽培管理 可长期摆放在室内观赏，但新叶抽生时不能过分阴暗，否则会导致新抽的嫩叶细长，叶间距稀疏，影响观赏。夏季放在无直射光处养护，以免新抽的嫩叶被强光灼伤。冬季移到室内光线明亮的地方，少浇水，不要施肥，维持10℃左右的室温。每两年翻盆1次，在春末夏初进行。

繁殖方法 采用播种和扦插方法繁殖。栽培较易。

马齿苋

别名：金枝玉叶。

科属：马齿苋科马齿苋属。

产地分布：广泛分布于全球各地。

形态特征 多年生肉质草本或亚灌木；叶互生或对生，全缘，倒卵形，交互对生，叶长1.2~2厘米，宽约1~1.5厘米，厚0.2厘米，质厚而脆，绿色，表面光亮。小花淡粉色。

生长习性 喜温暖干燥和阳光充足的环境，耐干旱和半阴，不耐涝，也不耐寒。

栽培管理 生长期要求有充足的阳光，可放在室外光照充足、空气流通处养护，可使株形紧凑，叶片光亮、小而肥厚。夏季高温时可适当遮光，以防烈日曝晒，并注意通风。在荫蔽处虽然也能生长，但茎节之间的距离会变长，叶片大而薄，且无光泽，影响观赏。生长期浇水做到"不干不浇，浇则浇透"，避免盆土积水，否则会造成烂根。冬季放在室内阳光充足处，停止施肥，控制浇水，温度最好在10℃以上。

繁殖方法 多用扦插的方法，在生长季节进行，用健壮的枝条做插穗，长短要求不严，插前去掉下部叶片，晾2~4天，使切口干燥后插入培养土中，保持土壤稍有潮气，很容易生根。

雅乐之舞

景观用途

用于制作盆景，精巧别致，玲珑可爱。

别名： 斑叶马齿苋树，公孙树等。

科属： 马齿苋科马齿苋属。

产地分布： 原产于非洲南部，现多地有栽培。

形态特征 为马齿苋树的锦斑变异品种，株高3~4米，老茎紫褐色，嫩枝紫红色，分枝近水平，肉质叶对生，绿色，倒卵形。肉质茎红褐色（新茎）或灰白色（老茎）；肉质叶交互对生，新叶的边缘有粉红色晕，以后随着叶片的长大，红晕逐渐后缩，最后在叶缘变成一条粉红色细线，直到完全消失。叶片大部分为黄白色，只有中央的一小部分为淡绿色；小花淡粉色。

生长习性 喜阳光充足和温暖、干燥，通风较好的环境。耐干旱，忌阴湿和寒冷。

栽培管理 夏季高温时适当遮阳，注意通风，避免积水和长期雨淋，浇水掌握"不干不浇、浇则浇透"的原则。冬季放置在室内阳光充足的地方养护，控制浇水，10℃左右可安全越冬。每1~2年翻盆1次。

繁殖方法 常用扦插或嫁接的方法。扦插一般在生长季节进行，插穗可用整形时修剪下来的枝条，长短要求不严，但至少要有3~4对叶片。插前去掉下部的叶片，晾1~2天，等伤口干燥后插于培养土中，放在无直射阳光处，保持土壤稍有潮气，2~3周可生根。

雷神

景观用途

常用于盆栽观赏，适合家庭阳台、花架摆设。

别名： 棱叶龙舌兰。

科属： 龙舌兰科龙舌兰属。

产地分布： 原产于墨西哥中南部，现多地有栽培。

形态特征 属龙舌兰中的小型种，叶片灰绿色，呈螺旋状排列，红褐色尖刺十分醒目。

生长习性 喜温暖干燥和阳光充足环境。适应性强，较耐寒，略耐阴，怕水涝。以排水良好、肥沃的沙壤土为好。

栽培管理 植株耐旱力强，生长期每浇透一次，应待盆土干透后再浇下一次。若盆内积水，常引起叶片发黄，根部腐烂。生长过程中，若长期光线不足，叶片变长，先端色刺暗淡，影响观赏效果。入秋后，雷神生长缓慢，盆土要保持干燥，否则低温湿润对植株生长极为不利。雷神生长较慢，盆栽需每年换盆。

繁殖方法 常用分株繁殖。可于春季4~5月间，将母株基部萌生的子株带根挖出栽植。如子株不带根，可暂插于沙床中，待生根后再移栽上盆。

Part 5
多肉植物组合盆栽

什么是组合盆栽

将一种或多种植物运用一定的艺术手法种植在一个或多个容器内，形成有一定艺术构图、色泽调配、主题寓意和群体美的盆栽方式就叫组合盆栽。

组合盆栽时经过艺术构思和创意组合的栽培方式，与传统盆栽相比，赋予了更深的内涵和风貌，寓意表达更丰富。它与插花作品相似，都是经过艺术加工的艺术品，但组合盆栽是用完整的鲜活植株制作而成，植物在不断生长，具有更强的生命力，随

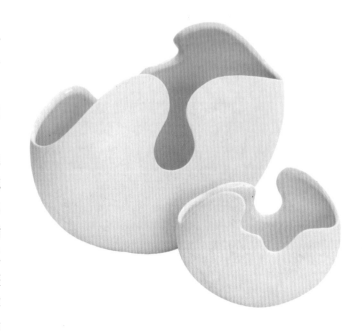

着季节的交替，其形态特征都会变化，具动感之美。组合盆栽可在一个有限空间的盆器内，源于自然、高于自然地将一种或多种植物组合在一起，形成一个微型的绿色生命世界，对这类组合盆栽，人们又形象地称之为"迷你小花园"。

如果说插花是花的艺术，组合盆栽则被称为"活的艺术、动的雕塑"。与单一的盆栽相比，组合盆栽色彩缤纷，层次分明，可营造出插花的艺术性和盆景的意境，具有更高层次的艺术性和欣赏美感。

组合盆栽的含义不仅仅局限于不同植物的组合，还包括相应盆器的配合，小饰品、小道具等装饰性用品的组合。组合盆栽在观赏价值和经济价值上都超过了传统单一盆栽。随着技艺的不断提高，越来越多的组合盆栽成为了欣赏价值很高的艺术品。当然，组合盆栽并不神秘高深，在空暇之时，亲自动手设计制作组合盆栽，既可提高审美情趣，也可享受制作过程带来的愉悦。后文将介绍几款多肉植物组合盆栽供读者们选择和欣赏。

制作组合盆栽的基本原则

① 植物的组合要有利于管理养护

不同的植物喜欢不同的栽培基质，有的适合透气性好的基质，有的能适应黏性土壤环境，对环境条件如温度、湿度、光照等的要求也不尽相同，或喜光或耐阴，各具特性。由于组合盆栽可长时间进行栽培和欣赏，选择植物时，在满足作品创意的情况下，应该尽可能地选择相同或相似习性的植物类型，以便于管理养护，保证植物的良好生长及较长的观赏期。

② 植物的选择和位置要突出主题

组合盆栽作为具有艺术性的作品，要表达一定的寓意，有其主题。制作时一般通过选择主体或焦点植物来体现。制作时将焦点植物置于视觉中心，以突出主题。

③ 色彩和谐与对比

首先根据作品的创意、用途来确定主色调，然后选用不同叶色植物进行搭配、调和、过渡以丰富色彩。同时还要考虑植物和容器颜色的搭配，通过容器加强或烘托主题。

④ 整体平衡，层次分明，比例恰当

作品的结构和造型都要求平衡，尤其要注意上下平衡。一个好的组合盆栽作品，其植物大小和所处的位置要有恰当的比例，高、中、低植物之间的比例要协调，要体现层次感，使植物之间互不干扰、层次分明。容器与植物之间也要有协调的比例，如对高型的容器，应选择一些悬垂的植物，将视觉效果向下延伸，给人以平稳之感。

⑤ 体现节奏和韵律

植物高度的错落有致，体积和色彩的渐变，使作品在静态空间中产生动态美，从而让作品产生节奏和韵律之美。

⑥ 适度的空间间隔

在整体布局上通过适度空间预留来获得更好的视觉效果，丰富层次，使盆栽有灵气而不死板。植株之间、枝叶之间、上下层之间保留适当的空间，有利于植物的生长发育。在空余位置配以树皮、树根、石子等装饰，也可起到陪衬和弥补空间的作用。

多肉植物组合盆栽实例

在咖啡杯中用不同形态色泽的仙人掌和其他多肉植物错落有致地组合在一起，犹如沙漠绿洲一角或迷你小花园，极富现代气息。

色泽鲜艳的直桶花盆内栽种仙人掌类多肉植物，配以飘逸的常春藤，增加了动感，很具个性。

色彩鲜明活泼的卡通小蘑菇花盆内，一红、一黄两颗嫁接仙人球"交头接耳"，就像在说悄悄话一般。中间的多肉植物则增加了构图层次。

仙人掌类多肉植物合植于玩具造型的容器内，再组合常春藤增加绿色的植物空间，构成一个童趣很浓的组合盆栽。

仙人掌科和景天科多肉植物按高低错落的层次植于绿色塑料盘中，用河沙固定植株，加上树根，再用彩石装点空隙，即可形成一盆小型沙漠植物的组合盆栽。

仙人球、仙人掌错落有致地排列在盆器上，加上两颗"高耸"的红龙骨，构成一盆沙漠型盆栽。

咖啡色的玻璃小碗，植入绿色的沙漠玫瑰，嫁接了黄菠萝的三棱柱及仙人指，形成沙漠植物群落。

将有共同习性的多肉植物组合在一起，配以长方形的栅栏塑料花盆，用河沙固定，于盆面空隙处铺以彩色石米加以装饰，组合成一个小小植物园。

将各种多肉植物合栽在紫砂盆中，构成一个既奇异又和谐的组合，无论从造型，还是植物的习性上都显得非常的统一与协调。

圆球形的仙人球，具有冠状造型的绯牡丹，加上条纹十二卷，这些不同形态、不同色泽的耐旱性植物组合在一起，相映成趣，再铺上黄色石米，可形成色泽协调、活泼可爱的盆栽。

造型特别的玻璃球盆，仿佛一个许愿球承载着对生活的美好向往，里面一丛丛芦荟与其他一些多肉植物，让愿望有了持久的生命力。

欧式的铁艺茶壶造型，仿佛囚笼；而密植其中的各种各样多肉植物，在铁条的缝隙间不断延长。这样打破封锁的葱茏，彰显着生命的力量。

莲花朵朵加上虹之玉与其他的一些赤色、绿色植物相互映衬，再放入鲜红的小蘑菇和可爱的小熊玩偶，顿时生趣盎然。

造型精巧别致的花盆，分别集合了景天科、马齿苋科的植物，让整个盆景造型错落有致又生机勃勃。无论是放在茶几、餐桌还是书桌上，都仿佛带来一份午后阳光的明媚。

抗逆性强的多肉植物，配以奶牛外形的盆器，点缀在儿童房内，活泼而富有情趣。

图书在版编目(CIP)数据

多肉植物养护指南 / 犀文图书编著. -- 北京 : 中国农业出版社，2015.1 (2016.7重印)
（我的私人花园）
ISBN 978-7-109-20081-4

Ⅰ. ①多… Ⅱ. ①犀… Ⅲ. ①多浆植物－观赏园艺－指南 Ⅳ. ①S682.33-62

中国版本图书馆CIP数据核字(2015)第001471号

本书编委会：辛玉玺　张永荣　朱　琨　唐似葵　朱丽华
何　奕　唐　思　莫　赛　唐晓青　赵　毅
唐兆壁　曾娣娣　朱利亚　莫爱平　何先军
祝　燕　陆　云　徐逸儒　何林浈　韩艳来

中国农业出版社出版

（北京市朝阳区麦子店街18号楼）

（邮政编码：100125）

总　策　划　刘博浩

责任编辑　黄　曦

北京画中画印刷有限公司印刷　　新华书店北京发行所发行
2015年6月第1版　　2016年7月北京第2次印刷

开本：787mm×1092mm　1/16　印张：8
字数：150千字
定价：29.80元

（凡本版图书出现印刷、装订错误，请向出版社发行部调换）